Quantenphysik
in
Einfachen Worten

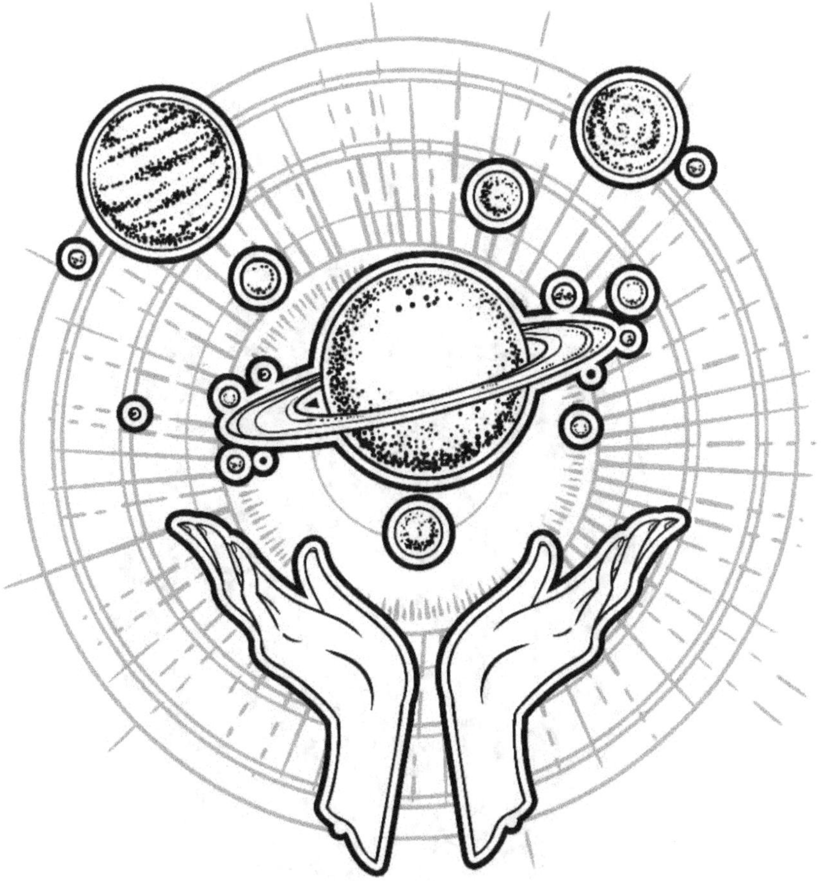

Begeben Sie sich auf eine faszinierende Reise durch die Quantenwelt, um die Geheimnisse des Universums in einer leicht verständlichen Sprache zu entschlüsseln

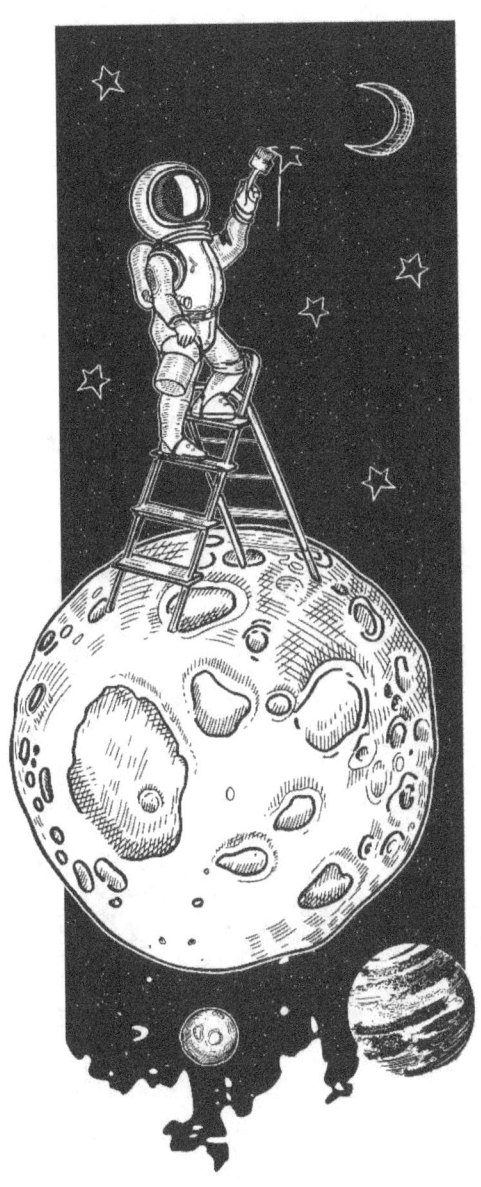

Selig Breitenfeldt

Copyright 2024 von Selig Breitenfeldt
- Alle Rechte Vorbehalten-

Der in diesem Buch enthaltene Inhalt darf ohne direkte schriftliche Genehmigung des Autors oder des Verlags nicht reproduziert, vervielfältigt oder übertragen werden.

Unter keinen Umständen kann der Herausgeber oder der Autor für Schäden, Wiedergutmachung oder finanzielle Verluste aufgrund der in diesem Buch enthaltenen Informationen verantwortlich gemacht werden, weder direkt noch indirekt.

Rechtlicher Hinweis:

Dieses Buch ist durch Copyright geschützt. Dieses Buch ist nur für den persönlichen Gebrauch bestimmt.

Der Inhalt dieses Buches darf nicht ohne Zustimmung des Autors oder des Verlags verändert, verbreitet, verkauft, verwendet, zitiert oder paraphrasiert werden.

Hinweis zum Disclaimer:

Die in diesem Dokument enthaltenen Informationen sind ausschließlich für Ausbildungs- und Unterhaltungszwecke bestimmt.

Es wurden alle Anstrengungen unternommen, um genaue, aktuelle und zuverlässige, vollständige Informationen zu präsentieren.

Keine Garantien jeglicher Art werden hiermit abgegeben oder impliziert.

Der Leser nimmt zur Kenntnis, dass der Autor keine rechtliche, finanzielle, medizinische oder professionelle Beratung vornimmt.

Der Inhalt dieses Buches wurde aus verschiedenen Quellen entnommen. Bitte konsultieren Sie einen lizenzierten Fachmann, bevor Sie die in diesem Buch beschriebenen Techniken ausprobieren.

Durch das Lesen dieses Dokuments erklärt sich der Leser damit einverstanden, dass der Autor unter keinen Umständen für direkte oder indirekte Verluste verantwortlich ist, die durch die Verwendung der in diesem Dokument enthaltenen Informationen entstehen, einschließlich, aber nicht beschränkt auf - Fehler, Auslassungen oder Ungenauigkeiten.

INHALTSÜBERSICHT

AUTORENBIOGRAFIE 10

EINFÜHRUNG 15

DER QUANTENSPRUNG IN EINE NEUE WELT 19
    DIE GEBURT DER QUANTENPHYSIK 19
    WARUM DIE QUANTENPHYSIK ANDERS IST ALS DIE KLASSISCHE PHYSIK 20
    QUANTENRÄTSEL: NUR DIE SPITZE DES EISBERGS 23

WELLEN UND TEILCHEN: DIE DUALITÄT DER MATERIE 27
    WELLEN-TEILCHEN-DUALITÄT: LICHT ALS WELLE UND TEILCHEN 27
    MATERIEWELLEN: ELEKTRONEN VERHALTEN SICH WIE WELLEN 28
    DAS DOPPELSPALT-EXPERIMENT: EIN QUANTENRÄTSEL 30
    ABER NEIN, DIE QUANTENPHYSIK SCHAUT SICH DIESE KONFIGURATION AN UND SAGT: "HALT MEIN BIER." 30
    QUANTENINTERFERENZ: WENN WELLEN KOLLIDIEREN 31

DAS HERZ DER QUANTENMECHANIK: DER QUANTENZUSTAND 37
    WAS IST EIN QUANTENZUSTAND? 37
    SUPERPOSITION: AN ZWEI ORTEN GLEICHZEITIG SEIN 38
    KOLLAPS: DER AKT DER MESSUNG 39

DIE HEISENBERGSCHE UNSCHÄRFERELATION 45
    DIE GRENZEN DER PRÄZISION 45
    IMPLIKATIONEN FÜR DIE REALITÄT 48
    QUANTENFLATTERN: DIE WELT IN WINZIGEM MAßSTAB 49
    DIE ENERGIE-ZEIT-UNGEWISSHEIT: EIN WENIGER BEKANNTES GESCHWISTERCHEN 50
    VIRTUELLE TEILCHEN: FLÜCHTIGE GÄSTE IM LEEREN RAUM 52

DIE QUANTENWELT DER ATOME UND MOLEKÜLE 55
    DAS BOHRSCHE MODELL: FRÜHE ÜBERLEGUNGEN ZUR ATOMSTRUKTUR 55
    BREITERE AUSWIRKUNGEN 55
    ERBE UND ÜBERGANG ZUR MODERNEN QUANTENMECHANIK 56
    QUANTENZAHLEN UND ORBITALE 56
    CHEMISCHE BINDUNGEN UND QUANTENPHYSIK 58

QUANTENVERSCHRÄNKUNG: GESPENSTISCHE WIRKUNG IN DER FERNE 61
    DAS EPR-PARADOXON UND DAS BELLSCHE THEOREM 61
    EXPERIMENTE ZUR VERSCHRÄNKUNG: BEWEIS DER QUANTENVERRÜCKTHEIT 62
    ANWENDUNGEN: QUANTENCOMPUTING UND TELEPORTATION 65
    HERAUSFORDERUNGEN UND MÖGLICHKEITEN 68
    ANWENDUNGEN IN DER REALEN WELT - QUANTENSCHLÜSSELVERTEILUNG UND VERSCHLÜSSELUNG 69

Die Grenzen der Verschränkung – Was wir (noch) nicht tun können 71

QUANTEN-TUNNELING: DIE ÜBERWINDUNG KLASSISCHER GRENZEN 75

Die unmögliche Reise durch Barrieren 75
Praktische Anwendungen: Flash-Speicher und Rastertunnelmikroskope 76
Bedeutung für den Anfang des Universums 78

SCHRÖDINGERS KATZE UND QUANTENINTERPRETATIONEN 81

Das Paradoxon der Katze: Tot und lebendig... 81
Viele Welten, Verborgene Variablen und Pilot-Wellen 82
Warum Interpretationen wichtig sind 84
Ethische und philosophische Implikationen: Verändert die Quantenmechanik unsere Sicht auf Moralität? 86

QUANTENCOMPUTING: DIE NUTZUNG DER QUANTEN-SELTSAMKEIT 89

Bits vs. Qubits: Eine neue Art, Informationen zu verarbeiten..................... 89
Wie Quantencomputer funktionieren: Überlagerung und Verschränkung........ 90
Quantensicherheit: Die neue Grenze in der Cybersicherheit 92
Das Quanteninternet: Ein Blick in die Zukunft 93

RELATIVITÄTSTHEORIE TRIFFT QUANTENPHYSIK: DIE SUCHE NACH EINHEIT 97

Allgemeine Relativitätstheorie: Gravitation als gekrümmte Raumzeit 97
Quantenfeldtheorie: Der Tanz der Teilchen 99
Gauge-Theorien in der Quantenfeldtheorie 99
Bedeutung von Quantenfeldtheorie und Allgemeiner Relativitätstheorie für uns 100
Die fortlaufende Suche nach einer Theorie von allem 101

QUANTENPHILOSOPHIE: AUSWIRKUNGEN AUF UNSER VERSTÄNDNIS DER REALITÄT 105

Die Rolle des Beobachters: Spielt das Bewusstsein eine Rolle? 105
Die Natur der Wirklichkeit: Lokaler Realismus vs. Nichtlokalität 107
Quantenphysik und freier Wille: Sind unsere Entscheidungen vorherbestimmt?... 108
Quantenmystik: Der Schnittpunkt von Wissenschaft und Spiritualität 110

DIE ROLLE DER SYMMETRIE IN DER QUANTENMECHANIK 113

Symmetrieoperationen: Spiegeln, Drehen und Verschieben 113
Erhaltungsgesetze: Von der Symmetrie zur Stabilität 114
Eichtheorien: Eine verborgene Ebene der Realität 116
Quantenelektrodynamik: Die Interaktion von Licht und Materie 116
Der Higgs-Mechanismus: Den Teilchen Masse geben 118

QUANTENTHERMODYNAMIK 121

Wärme, Energie und Quantenmechanik: Ein komplexer Tanz 121
Quantenfluktuationen und Temperatur: Das Unschärfeprinzip heizt auf 122
Quanten-Motoren: Effizienz auf der Quantenskala neu denken 123

    Der Pfeil der Zeit: Entropie in einer Quantenwelt 125
    Quanten-Phasenübergänge: Wenn viele Teilchen beschließen, sich zu verändern .. 126
    Quantenaktivität in der Nähe des Ereignishorizonts eines Schwarzen Lochs 128

QUANTENBIOLOGIE: DIE QUANTENGRENZE IN DEN LEBENSWISSENSCHAFTEN .. 131

    Photosynthese: Die Quantencomputer der Natur? 131
    Enzym-Action: Quantum-Tunneling in biologischen Systemen 132
    Magnetorezeption: Wie Vögel Quanteneffekte zum Navigieren nutzen 134
    DNA und Quantenmechanik: Die Verschlüsselung des Bauplans des Leben 135
    Quantenbewusstsein: Die letzte Grenze oder nur Fantasie? 136

NANOTECHNOLOGIE UND QUANTENMATERIALIEN 141

    Quantenpunkte: Lichtmanipulation auf der Nanoskala 141
    Graphen: Ein Wundermaterial mit Quantenursprung 142
    Topologische Isolatoren: Quantenzustände und Zukunft der Elektronik 143
    Nanoscale Engineering: Quanteneffekte in der Materialwissenschaft 144
    Quantenkohärenz in biologischen Systemen: Jenseits der Quantenbiologie 145

KOSMOLOGIE UND QUANTENMECHANIK 149

    Das frühe Universum: Quantenfluktuationen und die kosmische Landschaft 149
    Dunkle Materie und Quantenphysik: Auf der Suche nach dem Unsichtbaren 150
    Quantengravitation: Die Suche nach dem Verständnis von Raum und Zeit auf der Planck-Skala 151
    Das Informationsparadoxon: Schwarze Löcher und Quantenentropie 152
    Entropie und der Wärmetod des Universums: Eine Quantenperspektive 154

SCHLUSSFOLGERUNG 157

Autorenbiografie

Selig Breitenfeldt, ein Name, der mit den Flüstern der Quantenwelt widerhallt, ist eine rätselhafte Gestalt in der Welt der Physik und darüber hinaus. Geboren in einem kleinen Dorf, umschlungen von der strengen Schönheit der bayerischen Alpen, wurde Seligs frühes Leben von den Naturwundern um ihn herum geformt. Seine Kindheit war erfüllt von endlosen Stunden, in denen er den sternübersäten Himmel betrachtete, was eine tiefe Verbindung mit dem Kosmos förderte. Diese innige Beziehung legte den Grundstein für seine späteren Unternehmungen in der Welt der Quantenphysik.

Als Autodidakt und Vielseitigkeitskünstler verlief Seligs Weg unkonventionell. Seine Bildung war nicht auf die Wände eines Klassenzimmers beschränkt, sondern wurde durch den reichen Teppich der Lebenserfahrungen genährt. Er reiste ausgiebig, von den belebten Straßen Berlins bis zu den friedlichen Landschaften des Fernen Ostens, und sog Wissen und Weisheit aus verschiedenen Kulturen und Denkschulen auf. Diese Reisen verliehen ihm eine einzigartige Perspektive auf die Verbundenheit aller Dinge, ein zentrales Thema der Quantentheorie.

Selig's Weg zur Quantenphysik war auch zutiefst persönlich. Ein Wendepunkt kam, als er eine Familientragödie erlebte, die sein Verständnis der Realität herausforderte. Diese Erfahrung, schmerzhaft und doch erleuchtend, trieb ihn dazu, Antworten in der Quantenwelt zu suchen, wo Unsicherheit und Möglichkeit koexistieren. In der Quantenwelt fand Selig nicht nur wissenschaftliche Wahrheiten, sondern auch ein tieferes Verständnis der Komplexität des Lebens.

Sein Ansatz zum Schreiben von "Quantenphysik in einfachen Worten" ist durchdrungen von dieser Mischung aus persönlicher Erfahrung, emotionaler Tiefe und wissenschaftlicher Strenge. Selig verwebt Anekdoten aus seinem eigenen Leben mit klaren Erklärungen komplexer Theorien, um die Quantenphysik zugänglich und nachvollziehbar zu machen. Er begegnet den Herausforderungen und Frustrationen der Leser mit Einfühlungsvermögen und führt sie mit der Leichtigkeit eines erfahrenen Geschichtenerzählers durch die Quantenlandschaft.

Selig Breitenfeldt ist mehr als nur ein Autor; er ist ein Begleiter auf der Reise des Lesers, die Geheimnisse des Universums zu entschlüsseln. Sein

Buch ist mehr als eine Sammlung von Wissen - es ist eine Brücke, die die menschliche Erfahrung mit der abstrakten Welt der Quantenphysik verbindet. Durch seine Worte finden die Leser nicht nur Antworten, sondern auch ein Gefühl des Staunens und eine tiefere Wertschätzung für die Wunder des Kosmos.

"Die Vorstellungskraft ist wichtiger als Wissen. Denn Wissen ist begrenzt, während die Vorstellungskraft die ganze Welt umfasst, den Fortschritt anregt und der Evolution Leben gibt."

Albert Einstein

Dieses Zitat unterstreicht Einsteins Glauben an die Macht der Kreativität und des fantasievollen Denkens bei wissenschaftlichen Entdeckungen und Erkenntnissen.

Albert Einstein, geboren am 14. März 1879 in Ulm, Deutschland, ist eine der legendärsten Persönlichkeiten in der modernen Physik. Bekannt für seinen Einfluss auf die Wissenschaftsphilosophie und seine

Relativitätstheorie, spielte er auch eine entscheidende Rolle in der Entwicklung der Quantenphysik. Seine berühmte Gleichung $E=mc^2$ wurde zum Eckpfeiler der modernen Physik und verband Materie (m) und Energie (E) auf eine bis dahin unbekannte Weise.

Einstein leistete bedeutende Beiträge zur Quantenphysik, obwohl diese etwas widersprüchlich erscheinen. Er war maßgeblich an der frühen Entwicklung der Quantentheorie beteiligt, insbesondere durch seine Erklärung des photoelektrischen Effekts im Jahr 1905, für den er 1921 den Nobelpreis für Physik erhielt. Seine Arbeit über den photoelektrischen Effekt lieferte entscheidende Beweise für die Quantentheorie und deutete darauf hin, dass Licht als diskrete Energiepakete, später Photonen genannt, verstanden werden konnte. Trotz dieser Beiträge war Einstein bekanntermaßen skeptisch gegenüber einigen Aspekten der Quantenmechanik, insbesondere ihrer inhärenten Zufälligkeit und Nichtdeterminiertheit. Seine Unbehaglichkeit mit der Idee der "Quantenverschränkung", die er als "spukhafte Fernwirkung" bezeichnete, ist gut dokumentiert. Er glaubte, dass die Quantenmechanik unvollständig sei und versuchte, sie mit der klassischen Physik in Einklang zu bringen, was zu seinem berühmten Zitat führte: "Gott würfelt nicht mit dem Universum."

Einstein strebte sein Leben lang nach einer einheitlichen Feldtheorie, die die Naturkräfte in einem einzigen Rahmenwerk vereinigen würde, was ihm jedoch nicht gelang. Doch seine Herausforderungen an die Quantentheorie führten zu weiteren Debatten und Forschungen, die sich als ebenso wertvoll wie seine Beiträge erwiesen.

Einstein verstarb am 18. April 1955 in Princeton, New Jersey. Sein Vermächtnis reicht weit über seine wissenschaftlichen Beiträge hinaus; er wird als Symbol für Intelligenz und kreatives Denken gefeiert. Sein Werk legte den Grundstein für einen Großteil der modernen Physik und bereitete den Weg für zukünftige Entdeckungen in der Quantenmechanik. Trotz seiner Vorbehalte gegenüber bestimmten Aspekten der Quantentheorie halfen seine frühen Beiträge und kritischen Fragen, das Feld zu formen, und machten ihn zu einer zentralen Figur in der Geschichte der Quantenphysik.

Einführung

Willkommen, neugieriger Geist! Es ist uns eine Freude, Sie auf eine Reise durch eine der tiefgründigsten und faszinierendsten Entdeckungen der Menschheit mitzunehmen: das Quantenreich. Hier, inmitten der Großartigkeit des Kosmos, wo Galaxien in unaufhörlicher Bewegung spiralen und Sterne aus den Tiefen des Raumes entzünden, begegnen wir der Quantenwelt – einer verborgenen Dimension, in der die grundlegenden Bausteine der Natur ihre Mystik offenbaren.
Dieses Reich ist der Ort, an dem die tiefsten Geheimnisse des Universums in der Sprache der subatomaren Teilchen geflüstert werden. Hier werden die Prinzipien, die unser klassisches Verständnis untermauern, durch die Symphonie von Wahrscheinlichkeiten und Ungewissheiten auf elegante Weise herausgefordert. Ihre Bereitschaft, sich auf dieses Abenteuer einzulassen, ist ein Zeugnis für die forschende Essenz, die die menschliche Neugier stets zu hohen Gipfeln getrieben hat.

Wenn Sie die Schwelle zum Quantenuniversum überschreiten, bereiten Sie sich darauf vor, sich mit einem Bereich zu beschäftigen, der verblüffende Komplexität mit erhabener Einfachheit verbindet. In diesem Raum ist jedes Teilchen, jede Welle und jede Interaktion ein Vers im großen Narrativ der Existenz. Sie sind kein bloßer Beobachter; Sie sind ein Wahrheitssuchender, ein Navigator des Abstrakten, ein himmlischer Reisender.
Obwohl diese Reise tief in die verwickelte Fachsprache der Physik eingebettet ist, bleibt sie ein offenes Buch für jeden, der schon einmal staunend den Nachthimmel betrachtet oder über die Kräfte nachgedacht hat, die unsere Realität formen. Die Quantenmechanik ist mehr als eine Sammlung von Theorien; sie ist die Poesie, durch die sich das Universum seine Geschichten entfaltet.

Mit einem Herzen, offen für das Staunen, und einem Geist, entfacht von Neugier, laden wir Sie zu dieser verlockenden Erkundung ein. In diesem Raum übertreffen wir das Gewöhnliche, indem wir das Universum nicht nur so wahrnehmen, wie es sich präsentiert, sondern wie es wirklich ist – ein Reich des Zaubers und des Rätsels, gewoben von Gesetzen, die die Vorstellungskraft entfachen und konventionelle Erwartungen übertreffen. Ihre Entscheidung, mit uns auf diese Reise zu gehen, ehrt uns zutiefst. Gemeinsam werden wir die Rätsel der Quantenlandschaft entschlüsseln und Verbindungen ziehen vom Winzigen zum Kosmischen, vom Teilchen bis hin zum galaktischen Leinwand.

In diesem himmlischen Theater entdecken Sie eine Welt, die kunstvoll mit dem zartesten Tanz des Universums verwoben ist – dem der subatomaren Teilchen. Dieses Buch ist Ihr Portal und Ihr herzliches Willkommen in einer Realität, in der die Quantenbausteine das Wesen der Existenz choreografieren und die tiefen Geheimnisse offenbaren, von denen einst nur unsere Vorfahren träumten.

Stellen Sie sich vor, Sie treten in ein Gemälde der Schöpfung, in dem jeder Pinselstrich eine Offenbarung von Komplexität und Pracht ist. In diesem reichen Tableau ist jede Interaktion ein Wunder, das den Stoff der Realität aus unsichtbaren, aber grundlegenden Elementen formt. Als Ihre Führer auf dieser Expedition verpflichten wir uns, Sie mit der Vertrautheit und Sorgfalt eines alten Freundes durch das faszinierende Gebiet der Quantenmechanik zu führen.

Die Quantenebene, die wir erforschen, trotzt den Normen und lockt Sie in eine Welt, in der die Möglichkeiten über die alltägliche Erfahrung hinausgehen. Hier erwartet Sie eine Geschichte, die sowohl herzlich als auch fesselnd ist, und die grundlegenden Prinzipien der Physik mit der komplexen Schönheit des Kosmos verbindet. Quantenmechanik ist nicht nur abstrakt; sie ist der pulsierende Rhythmus des Universums, der durch das Kern der Existenz hallt.

Wenn Sie diese Seiten umblättern, erreichen Sie eine Kreuzung, an der Neugier auf Erleuchtung trifft, und jede Offenbarung wird zu einer persönlichen Epiphanie. In der Quantenwelt sind Sie nicht nur ein Zuschauer; Sie sind ein integraler Bestandteil eines sich entwickelnden Dialogs zwischen Menschheit und der Weite des Raums.
Also, treten Sie ein. Legen Sie alle Vorbehalte an der Tür ab und lassen Sie Ihren Geist auf eine freie und unbeschwerte Wanderung gehen. Wir haben für Sie einen Platz am Feuer der Wissenschaft reserviert, um die Geschichten des Quantenuniversums zu teilen. Mit jedem Prinzip, jeder monumentalen Entdeckung, wird dieses einst rätselhafte Reich vertrauter und lädt Sie tiefer in seine Wunder ein.
Dies ist der Beginn einer tiefgreifenden Allianz zwischen Ihnen und dem Quantenreich. Willkommen zu unserer gemeinsamen Odyssee, einem Pfad, der nicht nur die Geheimnisse des Universums enthüllt, sondern Sie auch intim mit dem ewigen Tanz der Existenz verbindet, der uns umgibt.

Hier, in der Quantenlandschaft, bieten wir eine klare und nachvollziehbare Erzählung, frei von einschüchterndem Fachjargon. Unsere Reise wird ein Universum enthüllen, in dem Teilchen in einer Quantensymphonie zwischen Zuständen flattern und wo sich das sehr Gewebe der Realität mit unserem Verständnis zu verschieben scheint. Jedes Kapitel enthüllt eine Schicht dieser rätselhaften Welt und wirft Licht auf Phänomene, die sowohl Rätsel aufgeben als auch faszinieren – die Kräfte, die unsere Welt auf ihrer elementarsten Ebene still formen.
Unser Ausflug in die Quantenmechanik ist eine Erkundung des Lebens selbst, pulsierend in den Technologien, die wir nutzen, den Naturspektakeln, die wir bewundern, und möglicherweise im Rätsel des Bewusstseins. Dieser Vorstoß ist eine Feier der menschlichen Neugier und ein Zeugnis unserer anhaltenden Suche nach Wissen. Von der Eigenartigkeit der Quarks bis zur Grandiosität galaktischer Ensembles choreografieren Quantenprinzipien die kosmische Show.

Diese Erkundung ist darauf ausgelegt, fesselnd und aufschlussreich zu sein, eine begeisternde Reise, frei von einschüchternden Gleichungen und technischen Labyrinthen. Wir laden Sie in eine Geschichte ein, in der jeder Faden zu größerem Verständnis und einer tieferen Wertschätzung des Universums führt. Hier erwachen die seltsamen und wunderbaren Grundsätze der Quantenmechanik als vitale Kräfte, die unsere Existenz formen, zum Leben.

In diesem Bereich navigieren Teilchen durch das Gewebe der Raumzeit, existieren gleichzeitig in mehreren Zuständen, während die Verschränkung auf ein Universum hindeutet, das weit stärker miteinander verbunden ist, als wir einst glaubten. Die Zeit selbst könnte eine Quantennatur offenbaren, was auf ein Kontinuum hindeutet, in dem Vergangenheit, Gegenwart und Zukunft verwoben sind. Mit zugänglicher Sprache werden wir ein Bild der Quantenwelt malen, das ebenso verständlich wie faszinierend ist.

Stellen Sie sich vor, die Geheimnisse des Universums zu erfassen, ohne Physiker sein zu müssen, die quantenphysikalischen Grundlagen der Realität zu verstehen, während Sie in der Vertrautheit verankert sind. Dieses Buch ist Ihr Durchgang zu solchen Offenbarungen, wo jeder Quantensprung mit einer führenden Hand navigiert wird, um sicherzustellen, dass Sie erstaunt, aber nie verloren sind. Wir brechen auf, um den Kosmos zu entwirren, auf der Suche nach den Fäden, die das Sichtbare mit dem Unsichtbaren, das Makroskopische mit den quantenphysikalischen Unterströmungen verbinden. Diese intellektuelle Odyssee geht nicht nur darum, Fakten aufzunehmen, sondern auch darum, Geschichten menschlicher Kreativität, Erzählungen von Entdeckungen und Berichte von wissenschaftlichen Durchbrüchen zu erleben, die das Herz ebenso bewegen, wie sie den Verstand erleuchten. Lassen Sie dieses Buch Ihren Begleiter durch das Quantenreich sein, wo Ihre Intuition neu geformt und der Horizont des Verständnisses erweitert wird. Hier werden die Säulen der Realität sowohl hinterfragt als auch gefeiert. Am Ende unserer Reise werden wir durch die Quantengassen navigiert und in Ehrfurcht vor der Grandiosität und Komplexität stehen, die die Quantenmechanik offenbart.

Also lassen Sie uns ohne Zögern beginnen. Jede umgeblätterte Seite ist ein Schritt tiefer in die weite Quantenwildnis, wo Geheimnisse ebenso geschätzt werden, wie sie entwirrt werden sollen. Umarmen Sie dieses Abenteuer mit dem Eifer eines Suchenden und bereiten Sie sich auf eine Erfahrung vor, die nicht nur Ihr Wissen, sondern auch die Grenzen Ihrer Vorstellungskraft erweitern wird. Willkommen zur Quanten-Odyssee – unserer Suche, das Herz der Realität zu entdecken.

Der Quantensprung in eine neue Welt

Die Geburt der Quantenphysik

Ah, das 20. Jahrhundert! Eine Zeit, in der Flapper-Kleider total angesagt waren, Jazzmusik aufkam, und in einigen überfüllten Laboren Physiker sich über eine Reihe von Experimenten den Kopf zerbrachen, die sich einfach nicht so verhalten wollten, wie sie sollten. Dieses Kapitel dreht sich darum, wie die Quantenphysik auf die Bühne trat, ein bisschen wie ein rebellischer Teenager, der alles in Frage stellt, was man über das Leben zu wissen glaubte. Sie war kühn, sie war revolutionär, und sie war verdammt verwirrend für diejenigen, die an die alten Wege der klassischen Physik gewöhnt waren.

Stellen Sie sich vor, Sie wären damals Wissenschaftler gewesen. Sie haben diese großartige Theorie – die klassische Physik –, die fast alles erklärt. Sie ist wie Ihr treues altes Auto. Sicher, es hat seine Macken und macht manchmal seltsame Geräusche, aber Sie kennen es in- und auswendig. Dann taucht eines Tages dieses neue, glänzende, verwirrende Fahrzeug auf – nennen wir es „Quantenmechanik" –, und es verspricht, schneller, effizienter zu sein und sogar Dinge zu können, die man sich von einem Auto nie erträumt hätte. Aber es gibt einen Haken: Das Benutzerhandbuch ist in einer Sprache geschrieben, die Sie nicht verstehen.

So ungefähr fühlten sich die Wissenschaftler, als sie in die Quantenphysik eintauchten. Sie hatten so viele Fragen. Warum strahlen heiße Objekte eine bestimmte Art von Strahlung ab? Warum senden manche Substanzen geheimnisvolle Strahlen aus? Das Regelwerk der klassischen Physik hatte einfach nicht die Antworten.
Beginnen wir mit Max Planck, dem Paten der Quantentheorie. Stellen Sie sich einen eleganten Herrn vor, komplett mit Fliege und Weste, der in seinem Labor in Deutschland herumwerkelt. Er war der Erste, der vorschlug, dass Energie in kleinen Paketen, oder „Quanten", kommt, während er etwas erforschte, das super kompliziert klingt, aber eigentlich ziemlich einfach ist: die Schwarzkörperstrahlung. Das ist ein ausgefallener Begriff, um zu beschreiben, wie heiße Objekte leuchten. Wissen Sie, wie die Spulen eines Elektroherds rot werden, wenn sie heiß sind? Plancks Gleichungen ergaben viel mehr Sinn, als er begann, Energie als in Stücken kommend zu denken.
Einstein, dieses wildhaarige Genie, das wir alle kennen und lieben, stieg auch ziemlich früh in das Quantenspiel ein. Er interessierte sich für etwas, das als Fotoeffekt bekannt ist. Lassen Sie sich von diesem Begriff nicht einschüchtern. Es bedeutet einfach, dass, wenn Licht auf Metall trifft, es einige Elektronen herausstoßen kann. Die klassische Physik war ratlos, aber Einstein dachte: "Was ist, wenn Licht auch aus diesen Quantendingen besteht?" Bam! Er wusste es damals noch nicht, aber er hatte gerade das Konzept der Photonen, Lichtpartikel, geboren. Und das Beste daran: Er bekam dafür den Nobelpreis, nicht für seine berühmte Gleichung, $E=mc^2$.

Zur gleichen Zeit richtete ein Mann namens Niels Bohr aus Dänemark seine Aufmerksamkeit auf Atome. Genauer gesagt, war er verwirrt darüber, warum Elektronen nicht einfach in den Kern hineinspiralen, da sie zu ihm hingezogen werden. Unter Verwendung quantenphysikalischer Prinzipien schlug er vor, dass Elektronen nur in bestimmten Energiezuständen existieren können. Stellen Sie sich eine mehrstöckige Parkgarage vor, aber für Elektronen. Sie können von einer Ebene zur anderen springen, aber sie können nicht einfach irgendwo parken.

Die Entdeckungen dieser wegweisenden Wissenschaftler waren wie einzelne Teile eines riesigen kosmischen Puzzles. Es ist, als hätten sie jeweils ein Eckstück gefunden, und es bedurfte der gemeinsamen Anstrengungen mehrerer weiterer Genies, um die Mitte zu beginnen zu füllen. Das Ergebnis ist die Quantenphysik, eine Theorie, die mehr Wendungen und Drehungen hat als eine Achterbahn und mindestens genauso aufregend ist.

Also, warum sollten Sie sich um all diese wissenschaftlichen Durchbrüche von vor über einem Jahrhundert kümmern? Weil diese Ideen das Fundament der Welt sind, wie wir sie heute kennen. Sie sind der Grund, warum Ihr Smartphone schlau ist, warum Ihr Fernseher flach und nicht so groß wie ein Schrank ist und sogar, warum die Sonne scheint. Und das ist erst die Spitze des Eisbergs!

In den kommenden Kapiteln werden wir tiefer in diese faszinierenden Phänomene eintauchen. Aber für jetzt, klopfen Sie sich auf die Schulter. Sie haben gerade die komplexe Geschichte der Quantenphysik durchschritten, und das ganz ohne einen Abschluss dafür zu benötigen!

Warum die Quantenphysik anders ist als die klassische Physik

Ah, Sie haben also die Geburt der Quantenphysik und die ersten Rätsel, die die wissenschaftliche Gemeinschaft verwirrten, überstanden. Nun erkunden wir, was die Quantenphysik im Vergleich zu ihrem wohlerzogenen Geschwisterkind, der klassischen Physik, zu einem völlig einzigartigen Tier macht. Es ist wie der Vergleich einer Hauskatze mit einem wilden Tiger; sie sind verwandt, sicher, aber sie existieren in verschiedenen Welten und operieren nach unterschiedlichen Regeln.

In der klassischen Physik ist die Welt herrlich vorhersehbar. Es ist wie eine gut organisierte Schublade – jede Socke, jedes Hemd, jedes Kleidungsstück hat seinen Platz. Sie können vorhersagen, wie ein Planet am Himmel sich bewegen wird, oder wie ein Apfel von einem Baum fällt. Newtons Bewegungs- und Gravitationsgesetze regeln das ganz nett, und geben uns ein deterministisches Universum, in dem man, wenn man den aktuellen Zustand der Dinge kennt, die Zukunft vorhersagen kann.

Jetzt betreten wir die Quantenphysik, den schelmischen Cousin, der zu Besuch kommt und Ihre perfekt sortierte Schublade durcheinanderbringt. Plötzlich können Sie nicht mehr sicher sein, ob diese Socke eine Socke oder ein Taschentuch ist, bis Sie sie tatsächlich aufheben. Klingt absurd, oder? Aber diese Unvorhersehbarkeit ist eines der Markenzeichen der Quantenmechanik.

Einer der großen "Wow!"-Momente in der Quantenphysik wird Superposition genannt. Stellen Sie sich vor, Sie betreten einen Raum und werfen eine Münze. In der klassischen Physik kann die Münze entweder Kopf oder Zahl sein. Aber in der Quantenmechanik ist es, als ob die Münze gleichzeitig Kopf und Zahl ist – bis Sie sie ansehen. Der Akt des Überprüfens zwingt die Münze, einen Zustand 'auszuwählen'. Das ist nicht nur spielerische Vorstellung; Teilchen wie Elektronen existieren wirklich gleichzeitig in mehreren Zuständen, und beruhigen sich erst, wenn sie beobachtet werden.

Aber warten Sie, es wird noch seltsamer. Haben Sie schon mal von "Verschränkung" gehört? Stellen Sie sich das vor: Sie haben ein Paar magische Würfel. Sie und ein Freund werfen jeweils einen Würfel, und egal wie weit Sie voneinander entfernt sind, wenn Sie eine Sechs werfen, tut Ihr Freund das auch. Sofort. Diese scheinbar magische Verbindung widerspricht der klassischen Idee, dass Informationen nicht schneller als Licht reisen können. Und doch, im Quantenreich geschehen solche Verbindungen. Physiker nennen dieses Phänomen "spukhafte Fernwirkung", und ja, es ist so faszinierend, wie es klingt.

Bezüglich der Geschwindigkeitsbegrenzungen stellt die Quantenphysik sogar unsere herkömmlichen Vorstellungen von Zeit und Raum in Frage. In der klassischen Welt tickt die Zeit vorwärts, niemals rückwärts. Der Weg von Punkt A nach Punkt B ist eine gerade Linie, wenn Sie es eilig haben. Nicht so in der Quantenwelt. Hier könnten Teilchen jeden möglichen Pfad von A nach B nehmen, und sie könnten sogar in der Zeit zurückkehren, um es noch einmal zu versuchen.

Sie fragen sich wahrscheinlich: "Wie können all diese bizarren Dinge real sein?" Und Sie sind nicht allein. Die Quantenphysik fordert unsere Intuition und logisches Denken seit mehr als einem Jahrhundert heraus. Doch trotz ihrer Eigenheiten ist sie eine der erfolgreichsten Theorien überhaupt. Ihre Vorhersagen wurden in unzähligen Experimenten bestätigt, und ihre Prinzipien sind das Rückgrat der Technologien, die unsere moderne Welt antreiben, von Solarzellen bis zu Smartphones.

Zu diesem Zeitpunkt fühlen Sie sich vielleicht, als ob die Quantenphysik eine Achterbahn ist, für die Sie sich nie angemeldet haben. Aber glauben Sie mir, wenn Sie mit diesem Buch fertig sind, werden Sie diese seltsamen Phänomene nicht nur verstehen – Sie werden sie schätzen. Sie machen unsere Welt weit interessanter und grenzenloser, als wir uns je vorgestellt haben.

Also, sind Sie bereit, tiefer zu graben? In den kommenden Kapiteln werden wir den Vorhang des Quantentheaters lüften und Sie mit seinen Hauptdarstellern bekannt machen. Keine Sorge, ein Physikstudium ist nicht erforderlich. Nur ein offener Geist und ein Sinn für das Staunen.

Quantenrätsel: Nur die Spitze des Eisbergs

Willkommen zurück, abenteuerlustiger Leser! Mittlerweile haben Sie sich mit einigen der größten Wendungen und Kurven in der Welt der Quantenphysik vertraut gemacht. Das ist ganz schön viel auf einmal, nicht wahr? Aber wir haben bisher nur an der Oberfläche gekratzt. Dieses Kapitel dreht sich darum, tiefer in die Rätsel und Paradoxa einzutauchen, die die Quantenphysik zu einem endlos faszinierenden Gebiet machen. Man könnte sogar sagen, wir begeben uns in die "Twilight Zone" der Wissenschaft, wo alles noch seltsamer wird.

Erinnern Sie sich, wie wir über die Superposition gesprochen haben - die Idee, dass Teilchen gleichzeitig in mehr als einem Zustand sein können? Lassen Sie uns dort ein wenig tiefer graben. Stellen Sie sich eine Tanzfläche vor, auf der jeder gleichzeitig den Moonwalk und den Tango tanzt. Bizarr? Absolut. Aber in der Quantenwelt ist das an der Tagesordnung. Teilchen drehen sich nicht nur in eine Richtung oder die andere; sie drehen sich in jede erdenkliche Richtung, bis jemand oder etwas sie beobachtet. Es ist wie eine Tanzparty, bei der der Beat erst einsetzt, wenn Sie die Tür betreten.

Aber Sie fragen sich vielleicht, warum macht die Beobachtung einen so großen Unterschied? Ah, das ist eines der großen Mysterien, mein Freund. Es ist, als hätten Sie eine schelmische Katze, die nur dann eine Vase vom Tisch stößt, wenn Sie nicht hinsehen. Physiker grübeln seit Jahrzehnten über dieses Phänomen. Einige denken sogar, dass der Akt der Beobachtung ein neues Universum erschafft. Ja, Sie haben richtig gehört - ein ganzes neues Universum. Jedes Mal, wenn Sie ein Teilchen beobachten, könnten Sie in eine andere Realität abzweigen. Es ist, als würden Sie durch Fernsehkanäle zappen, aber für die Existenz!

Nun, sprechen wir über ein weiteres verwirrendes Konzept, den Quantentunnel. Stellen Sie sich vor, Sie werfen einen Ball gegen eine Wand. Laut der klassischen Physik gibt es nur zwei mögliche Ausgänge: Der Ball prallt entweder zurück oder bricht durch, wenn Sie ihn hart genug werfen. In der Quantenphysik gibt es eine dritte Option: Der Ball könnte einfach 'durch die Wand tunneln', als wäre er ein Geist. Verrückt, oder? Aber das ist keine Science-Fiction-Fantasie. Das passiert gerade jetzt in Ihrem Körper. Quantentunneln ermöglicht es der Sonne zu scheinen und Ihren Zellen, Energie zu produzieren.

Und gerade als Sie dachten, Sie hätten alles gehört, lassen Sie mich Ihnen die Quantenteleportation vorstellen. Nein, wir reden hier nicht von "Beam me up, Scotty!" aus Star Trek. In der Quantenversion kann Informationen über den Zustand eines Teilchens augenblicklich auf ein anderes Teilchen übertragen werden, unabhängig von der Entfernung. Auch wenn wir Menschen noch nicht teleportieren können (leider!), hat dieses Phänomen enorme Auswirkungen auf zukünftige Technologien wie ultrasichere Kommunikation. Stellen Sie sich vor, Sie senden eine Textnachricht, die nicht einmal der fortschrittlichste Hacker abfangen könnte. Das ist das Versprechen der Quantenteleportation.

Dies sind nur einige der Kopfzerbrechen bereitenden Rätsel, die die Quantenphysik zu bieten hat. Jedes einzelne ist wie ein Brotkrumen, der uns tiefer in das Herz des Universums führt. Auch wenn sie so klingen, als ob sie dem gesunden Menschenverstand widersprechen, wurde jedes einzelne durch rigorose Tests und Experimente bestätigt. Das ist das Besondere an der Quantenphysik – sie zwingt uns, das Unakzeptable zu akzeptieren, die Seltsamkeit zu umarmen und das Mysterium zu genießen. Also, schnappen Sie sich Ihren geistigen Schnorchel, denn wir bereiten uns darauf vor, noch tiefer in die Quantentiefen einzutauchen. Unsere Reise ist noch lange nicht vorbei, und das Beste kommt noch. Man könnte sogar sagen, dass die faszinierendsten Rätsel nicht nur Rätsel sind; sie sind Einladungen, unser Wissen über das Universum und unseren Platz darin zu überdenken.

Wellen und Teilchen: Die Dualität der Materie

Wellen-Teilchen-Dualität: Licht als Welle und Teilchen

Hallo, Entdecker der Quantenkuriositäten! Wir haben also die Geburt der Quantenphysik besprochen und die wesentlichen Wege, wie sie sich von der eher steifen klassischen Physik unterscheidet. Wir haben sogar unsere Zehen in seltsame Phänomene wie Superposition und Verschränkung getaucht. Aber lassen Sie uns ein wenig zurückspulen und uns auf eine der frühesten Entdeckungen in der Quantenmechanik konzentrieren – etwas, das als "Wellen-Teilchen-Dualität" bezeichnet wird. Ich weiß, es klingt wie ein Wrestling-Move, aber glauben Sie mir, es ist viel cooler.
Wissen Sie, wie in Filmen eine Figur manchmal ein Doppelleben führt? Tagsüber ist er vielleicht ein bescheidener Reporter und nachts ein umhangtragender Superheld. Nun, Licht hat auch ein Doppelleben! Manchmal verhält es sich wie eine Welle, die sich durch den Raum wellt. Sie können das bei Phänomenen wie Regenbögen oder der Art und Weise sehen, wie Licht sich bricht, wenn es durch ein Prisma geht. Andererseits kann sich Licht auch wie ein Teilchen verhalten, ein winziges Paket aus Energie. Denken Sie dabei an einzelne "Lichtkugeln".
Lange Zeit gab es eine hitzige Debatte unter Wissenschaftlern darüber, welche die "wahre" Natur des Lichts sei. Einige waren im Team Welle, andere im Team Teilchen. Die Sache ist, sie hatten beide gleichzeitig recht und unrecht. Es stellt sich heraus, dass Licht es nicht mag, in eine Schublade gesteckt zu werden. Je nachdem, wie man es betrachtet oder welches Experiment man durchführt, wird Licht entweder seine wellenartige oder teilchenartige Natur zeigen.

Hier ist eine einfache Art, sich das vorzustellen. Stellen Sie sich vor, Sie sind am Strand. Von weitem sieht der Ozean wie eine kontinuierliche, fließende Masse aus – ähnlich wie Licht, das sich wie eine Welle verhält. Aber wenn Sie eine Handvoll Wasser schöpfen, sehen Sie, dass es aus einzelnen Tropfen besteht. Das ist Licht, das sich wie Teilchen verhält. Und jetzt wird es verrückt: Licht kann gleichzeitig beide Naturen zeigen. Stellen Sie sich vor, dass die Handvoll Ozeanwasser, die Sie geschöpft haben, auch wie eine Mini-Welle in Ihrer Hand wellen könnte. Ja, so seltsam ist Licht im Quantenbereich.
Diese Doppelpersönlichkeit ist nicht nur eine lustige Eigenart; sie ist grundlegend für unser Verständnis des Universums. Zum Beispiel hilft uns das Wissen, dass Licht sowohl als Welle als auch als Teilchen agieren kann, alles von der Struktur der Atome bis zur Funktionsweise unserer Mikrowellenherde zu verstehen. Es führte auch zur Entwicklung der Quantentheorie, dem gesamten Thema, in das wir hier eintauchen.

Was faszinierend ist, ist, dass diese Wellen-Teilchen-Dualität nicht nur für Licht gilt; sie gilt auch für Elektronen und andere Teilchen! Erinnern Sie sich an unsere Elektronenfreunde, über die wir zuvor gesprochen haben? Sie sind Teilchen, sicher, aber sie können sich unter den richtigen Bedingungen auch wie Wellen verhalten. Und das ist nicht nur ein netter Trick; das hat echte Anwendungen. Schon mal was von Elektronenmikroskopen gehört? Sie nutzen das wellenartige Verhalten von Elektronen, um Dinge zu betrachten, die viel kleiner sind als das, was gewöhnliche Lichtmikroskope sehen können.

Die Wellen-Teilchen-Dualität stellt unsere alltäglichen Erfahrungen und Intuitionen in Frage. Wir sind es gewohnt, dass Dinge entweder das eine oder das andere sind: Sie sitzen entweder oder stehen, essen oder essen nicht. Aber in der Quantenwelt reicht ein Entweder-Oder nicht aus. Dinge können sein – und sind oft – mehrere Dinge gleichzeitig. Es ist, als würden Sie herausfinden, dass Ihre Haustierkatze am Wochenende auch als geheimer Spion arbeitet. Unerwartet? Absolut. Faszinierend? Und wie!

So, da haben Sie es - das fabelhafte Doppelleben von Licht und Teilchen. Wenn wir unsere Reise fortsetzen, werden Sie sehen, wie diese Dualität die Bühne für noch seltsamere Phänomene im Quantenreich bereitet. Bleiben Sie dran; wir fangen gerade erst an!

Materiewellen: Elektronen verhalten sich wie Wellen

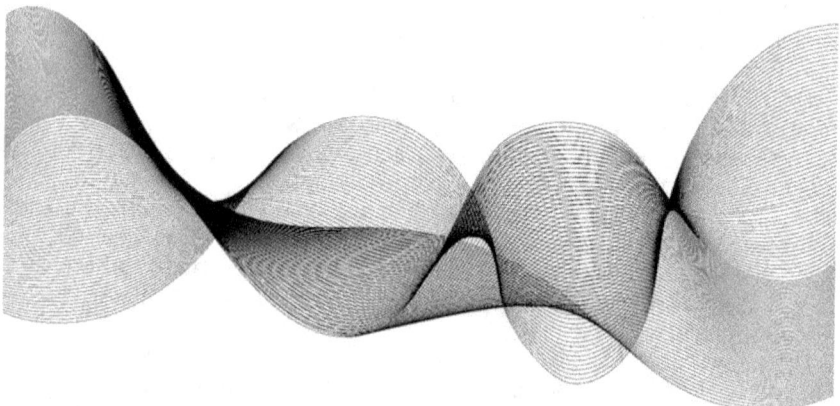

Hallo, Quantenbegeisterte! Erinnern Sie sich, als wir darüber gesprochen haben, wie Licht sowohl als Teilchen als auch als Welle doppelte Pflicht erfüllt? Nun, halten Sie Ihren Hut fest, denn auch Elektronen steigen in die Aktion ein. Ja, Elektronen - die winzigen Teilchen, die den Atomkern umkreisen - können sich auch wie Wellen verhalten. Es ist, als würden Sie herausfinden, dass Ihr ruhiger Nachbar eigentlich am Wochenende ein Rockstar ist. Interessant, oder?

Lassen Sie uns ein wenig zurückspulen. Einst dachten Wissenschaftler, dass Elektronen in ordentlichen, vorhersehbaren Bahnen um den Atomkern zischen, ähnlich wie Planeten um die Sonne kreisen. Das war die Sichtweise der klassischen Physik. Aber dann kam die Quantenmechanik und trübte das Wasser mit allerlei 'Was zum Teufel'-Momenten.

Zuerst einmal die Vorstellung, dass Elektronen klare Bahnen folgen? Werfen Sie sie aus dem Fenster. Nach der Quantenmechanik ist es nicht nur ein Teilchen, das auf einer festgelegten Bahn herumwirbelt. Stellen Sie sich stattdessen eine Art 'Wolke' um den Kern vor, in der das Elektron wahrscheinlich zu finden ist. Diese Wolke repräsentiert das wellenartige Verhalten des Elektrons. Es ist wie bei der Vorhersage von Regen: Sie können nicht genau sagen, wo jeder Regentropfen fallen wird, aber Sie wissen das allgemeine Gebiet, wo es nass sein wird.

Warum zur Hölle sollten sich Elektronen so verhalten? Um ehrlich zu sein, wenn wir uns auf klassisches Denken beschränken würden, würde das überhaupt keinen Sinn ergeben. Aber in der Quantenwelt haben Teilchen wie Elektronen Eigenschaften sowohl von Teilchen als auch von Wellen. Louis de Broglie, ein französischer Physiker, war derjenige, der diese Idee zuerst vorschlug. Er dachte sich: „Hey, wenn Licht das kann, warum dann nicht auch Teilchen?" Und raten Sie mal? Experimente bestätigten es.

Hier ist eine lustige Metapher. Stellen Sie sich vor, Elektronen sind Fans bei einem Konzert. Normalerweise sitzen sie auf ihren Plätzen (Teilchen), aber wenn die Musik beginnt, stehen sie auf und schwingen im Rhythmus mit (Wellenverhalten). Jetzt steht jeder Fan nicht nur an einem Ort; sie können ein wenig nach links oder rechts bewegen, vielleicht sogar die Reihen wechseln. Ähnlich können Sie den genauen Standort eines Elektrons nicht festnageln, aber Sie können aufgrund seiner Welleneigenschaften gebildete Vermutungen anstellen.

Und das ist nicht nur eine skurrile Wissenschaftskuriosität. Das Konzept der Materiewellen hat reale Anwendungen. Schon mal was von Tunneln gehört? Das ist ein quantenphysikalisches Phänomen, bei dem Teilchen wie Elektronen 'durch' Barrieren 'hindurchgehen' können, die laut klassischer Physik undurchdringlich sein sollten. Wären Elektronen nur Teilchen, könnten sie das nicht tun. Aber weil sie sich auch wie Wellen verhalten, können sie manchmal auf der anderen Seite dieser Barrieren gefunden werden. Das ist so, als würden Sie durch eine Wand gehen, Harry-Potter-Stil! Aber es ist keine Magie; es ist Quantenmechanik. Und dieser Tunnel-Effekt wird in Geräten wie Tunnel-Dioden in der Elektronik und sogar beim Betrieb der Sonne selbst verwendet!

Aber halten wir nicht bei der Technologie an; das hat auch Auswirkungen auf die Biologie. Fotosynthese, der Prozess, bei dem Pflanzen Sonnenlicht in Energie umwandeln, nutzt auch die Quantenmechanik. Einige Wissenschaftler denken, dass die Elektronen in Pflanzenzellen ihre wellenartige Natur nutzen könnten, um den effizientesten Weg für den Energietransfer zu finden. Ja, sogar Mutter Natur ist im Herzen eine Quantenphysikerin!

Nun, war das nicht eine Achterbahnfahrt? Wer hätte gedacht, dass Elektronen, diese winzigen subatomaren Teilchen, denen wir selten einen zweiten Gedanken schenken, so, wage ich zu sagen, wellenartig sein könnten? Je tiefer wir in das Quanten-Wunderland eintauchen, desto mehr werden Sie feststellen, dass das Seltsame gewöhnlich und das Unmögliche, nun, durchaus möglich ist. Also halten Sie die Sicherheitsgurte fest; wir sind noch nicht fertig!

Das Doppelspalt-Experiment: Ein Quantenrätsel

Hallo, unerschrockener Erforscher des Quantenreichs! Wenn Sie bis hierher mitgelesen haben, kennen Sie bereits einige der verrückten Dinge, die in der Welt des sehr Kleinen passieren. Jetzt tauchen wir ein in eine Geschichte, die so bizarr ist, dass selbst erfahrene Physiker sich am Kopf kratzen. Wir sprechen über das berüchtigte Doppelspalt-Experiment, eine Vorführung der Quanten-Seltsamkeit, die genauso ein philosophisches Rätsel wie ein wissenschaftliches Experiment ist.
Stellen Sie sich Folgendes vor: Sie haben eine Wand mit zwei Schlitzen und schießen Teilchen – sagen wir Elektronen – auf diese Wand. Dahinter befindet sich ein Schirm, der feststellt, wo diese Elektronen landen.
Einfach genug, oder? In einer klassischen, newtonschen Welt würden Sie erwarten, dass die Elektronen durch einen der beiden Schlitze gehen und ein Muster auf dem Schirm erzeugen, das den Schlitzen entspricht.

Aber nein, die Quantenphysik schaut sich diese Konfiguration an und sagt: "Halt mein Bier."

Wenn niemand "hinschaut" oder misst, durch welchen Schlitz das Elektron geht, geht es nicht einfach durch einen Schlitz oder den anderen. Es ist, als würde es gleichzeitig durch beide Schlitze gehen und ein Interferenzmuster auf dem Schirm erzeugen – so wie Wellen es tun. Ja, Sie haben richtig gelesen. Wenn es nicht beobachtet wird, verhält sich das Elektron so, als wäre es gleichzeitig an mehreren Orten. Es ist, als würde Ihre Katze eine Vase umwerfen und dann überzeugend so tun, als würde sie schlafen, wenn Sie den Raum betreten.

"Also", könnten Sie sagen, "was passiert, wenn wir heimlich einen Blick darauf werfen? Was, wenn wir messen, durch welchen Schlitz es geht?" Ah, jetzt wird es noch seltsamer. Der Akt des Messens "kollabiert" dieses quantenwellenartige Verhalten in etwas Vorhersehbareres. Anstelle eines Interferenzmusters sehen Sie, wie sich die Elektronen wie höfliche, gut erzogene Teilchen verhalten, die jeweils durch einen Schlitz gehen und ein Zweistreifenmuster auf dem Schirm erzeugen. Es ist, als würden Sie durch bloßes Hinsehen das Elektron zwingen, einen Weg zu "wählen".

Und hier ist der Clou. Es scheint, als wüsste das Elektron, dass es beobachtet wird. Natürlich haben Elektronen kein Bewusstsein; es ist nicht so, dass sie schüchtern sind oder so. Aber der Akt des Beobachtens verändert das Ergebnis des Experiments grundlegend. Das ist ein großes, saftiges Fragezeichen für Wissenschaftler und Philosophen gleichermaßen. Existiert die Realität, wenn niemand hinschaut? Welche Rolle spielt die Beobachtung im Universum? Das sind die Art von Fragen, die Menschen nachts wachhalten und über die Natur der Existenz nachdenken lassen.

Sie fragen sich vielleicht: „Warum sollte ich mich für ein paar seltsame Elektronen interessieren?" Nun, das Doppelspalt-Experiment ist wie die Einstiegsdroge in die Quantenmechanik. Wenn Sie das erst einmal verstanden haben – na ja, so ungefähr verstanden haben –, sind Sie bereit für noch verwirrendere Phänomene, die reale Anwendungen haben, von der Quantenverschlüsselung bis zu fortgeschrittenen Bildgebungstechnologien.

Ich habe Ihnen gesagt, dass das eine Achterbahnfahrt wird! Und wir fangen gerade erst an. Wie Sie sehen, enthüllt die Quantenmechanik immer weitere Schichten und zeigt, dass das, was wir zu wissen glauben, nur die Spitze eines unfassbar komplexen Eisbergs ist.

Fühlen Sie sich fasziniert? Verwirrt? Beides sind völlig angemessene Reaktionen. Keine Sorge; wir haben noch mehr quantenphysikalische Kuriositäten zu erkunden. Ich kann nicht versprechen, dass es weniger seltsam wird, aber ich kann versprechen, dass es eine Reise wert sein wird!

Quanteninterferenz: Wenn Wellen kollidieren

Sie haben einige der grundlegenden Konzepte wie die Wellen-Teilchen-Dualität und die seltsamen Ergebnisse des Doppelspalt-Experiments durchgearbeitet. Jetzt springen wir zu etwas, das fast wie aus einem Sci-Fi-Film klingt, aber absolut real ist – die Quanteninterferenz.

Stellen Sie sich vor, Sie sind am Strand und entscheiden sich, zwei Steine ins Wasser zu werfen. Jeder Stein erzeugt seine eigenen Wellenkreise. Diese Wellen breiten sich aus und treffen bald aufeinander. An manchen Stellen verstärken sie sich gegenseitig und erzeugen größere Wellen. An anderen Stellen heben sie sich gegenseitig auf und schaffen ruhige Stellen, wo man eigentlich turbulentes Wasser erwarten würde. Das ist klassische Welleninterferenz in einer Nussschale.

Aber hier kommt der „Halt mein Bier"-Moment der Quantenphysik. In der Quantenwelt zeigen Teilchen wie Elektronen und Photonen auch dieses Interferenzmuster, aber nicht immer so, wie man es erwarten würde. Im Gegensatz zu Wasserwellen können Quantenteilchen mit sich selbst interferieren! Das stimmt; ein einzelnes Elektron kann irgendwie an mehreren Orten sein, mit sich selbst interferieren und ein Interferenzmuster erzeugen. Das ist ein direktes Ergebnis dessen, was wir im Doppelspalt-Experiment besprochen haben.
Sind Sie noch dabei? Gut, denn es wird noch faszinierender, wenn Sie bedenken, wie wichtig Quanteninterferenz in der heutigen Technologie ist. Schon mal von Quantencomputern gehört? Sie verlassen sich stark auf Quanteninterferenz, um komplexe Berechnungen in Geschwindigkeiten durchzuführen, die mit klassischen Computern unvorstellbar sind.

Und das ist noch nicht alles. Interferenz ist auch der Schlüssel zum Verständnis, warum Teilchen scheinbar gleichzeitig in mehreren Zuständen existieren können, ein Phänomen, das als Superposition bekannt ist. Also ist Interferenz nicht nur eine interessante Randerscheinung; sie ist zentral für die seltsamen und wunderbaren Regeln, die Teilchen auf der Quantenebene bestimmen.
Das nächste Mal, wenn Sie einen Stein über einen Teich springen lassen und sehen, wie diese Wellen miteinander interferieren, denken Sie daran: Etwas viel Seltsameres, aber ebenso Schönes passiert auf einer Skala, die fast zu klein ist, um sie zu begreifen.

"Wissenschaft entwickelt sich Schritt für Schritt, oft erst mit einem Generationswechsel."

Dieser Satz umschreibt Plancks Beobachtung über das langsame Tempo wissenschaftlichen Wandels. Er stellte fest, dass neue wissenschaftliche Wahrheiten oft nicht deshalb Akzeptanz finden, weil die Gegner beginnen, an sie zu glauben, sondern eher, weil die Gegner mit der Zeit vergehen und eine neue Generation heranwächst, die von Anfang an mit diesen Ideen vertraut ist. Diese Beobachtung spiegelt den inhärenten Widerstand gegen Paradigmenwechsel in der Wissenschaft und die natürliche Entwicklung von Ideen durch den Wandel der Generationen wider.

Max Karl Ernst Ludwig Planck

Max Karl Ernst Ludwig Planck, eine herausragende Persönlichkeit in der Physik, wurde am 23. April 1858 in Kiel, Deutschland, geboren. Er wuchs in einer akademischen Familie auf, die sein frühes Interesse an Wissenschaft und Musik förderte. Planck studierte an den Universitäten München und Berlin, wo er maßgeblich von den Physikern Kirchhoff und Helmholtz beeinflusst wurde. Seine Doktorarbeit über den zweiten Hauptsatz der Thermodynamik, abgeschlossen im Jahr 1879, legte den Grundstein für seine bahnbrechende Karriere.

Plancks transformative Arbeit entstand aus seiner Forschung zur Schwarzkörperstrahlung. Im Jahr 1900 stellte er die Quantenhypothese vor, die besagt, dass Energie quantisiert und in diskreten Einheiten, sogenannten "Quanten", emittiert wird. Diese Idee, ursprünglich ein mathematisches Konstrukt zur Lösung eines spezifischen Problems, ebnete den Weg für die Quantentheorie. Sie markierte eine radikale Abkehr von der klassischen Physik und bereitete den Weg für zukünftige Physiker wie Einstein und Bohr.

Planck, der 1918 den Nobelpreis für Physik erhielt, erlebte in seiner Karriere eine Zeit turbulenter wissenschaftlicher und politischer Veränderungen. Persönliche Tragödien trafen ihn schwer, einschließlich des Verlusts seiner ersten Frau an Tuberkulose, dem Tod seiner Töchter und der Hinrichtung seines Sohnes durch die Nazis. Trotz dieser Rückschläge blieb Planck seiner Forschung und dem Streben nach Wissen verpflichtet.

Planck war auch eine angesehene akademische Persönlichkeit, als Professor an der Universität Berlin und als Präsident der Kaiser-Wilhelm-Gesellschaft (heute Max-Planck-Gesellschaft) zur Förderung der Wissenschaften. Seine Führungsrolle in diesen Positionen demonstrierte seinen Glauben an die Bedeutung wissenschaftlicher Forschung und Zusammenarbeit.

Planck war bekannt für seine philosophische Sichtweise und reflektierte oft über das Verhältnis von Wissenschaft und Religion. Er vertrat die Ansicht, dass beide Bereiche notwendig sind, um die Natur der Realität zu verstehen.

Plancks Vermächtnis geht über seine wissenschaftlichen Errungenschaften hinaus; er wird für seine Widerstandsfähigkeit, Integrität und seinen tiefgreifenden Einfluss auf den Verlauf der modernen Physik in Erinnerung bleiben. Er verstarb am 4. Oktober 1947 in Göttingen, Deutschland, und hinterließ einen unauslöschlichen Eindruck in der Welt der Wissenschaft.

Das Herz der Quantenmechanik: Der Quantenzustand

Bis jetzt haben Sie Teilchen gesehen, die sich wie Wellen verhalten, und Wellen, die sich wie Teilchen verhalten. Sie haben sich über das Doppelspalt-Experiment und seine paradoxen Ergebnisse gewundert. Aber jetzt graben wir noch tiefer in das Quanten-Wunderland. Wir wagen uns in den Kern der Quantenmechanik – den Quantenzustand. Wenn die Quantenmechanik ein Videospiel wäre, wäre das Verständnis des Quantenzustands wie das Erreichen des Endgegner-Niveaus. Sind Sie bereit?

Was ist ein Quantenzustand?

Springen wir direkt hinein. Ein Quantenzustand ist ein bisschen wie der Lebenslauf eines Teilchens. Wenn Sie eine Person beruflich verstehen wollen, würden Sie sich ihren Lebenslauf ansehen, richtig? Er verrät Ihnen, wo sie gearbeitet hat, welche Fähigkeiten sie besitzt und vielleicht sogar einige skurrile Hobbys. Nun, ein Quantenzustand macht dasselbe, aber für Teilchen. Er ist eine vollständige Beschreibung eines Quantensystems und umfasst alles, was Sie darüber wissen können.

Aber im Gegensatz zu einem Lebenslauf, den wir leicht lesen und verstehen können, wird ein Quantenzustand mathematisch ausgedrückt, mit etwas, das als Wellenfunktion bezeichnet wird. Aber lassen Sie sich davon nicht abschrecken. Wir werden nicht in die Mathematik eintauchen; denken Sie eher an ein kompliziertes Rezept. So wie ein Rezept die genauen Zutaten und Schritte zur Zubereitung eines Gerichts umreißt, gibt die Wellenfunktion die Spezifikationen des Verhaltens eines Teilchens an. Jetzt fragen Sie sich vielleicht: „Wenn es so detailliert ist, können wir dann nicht genau vorhersagen, was das Teilchen tun wird?" Ah, das würden Sie denken, aber hier kommt der eigenartige Teil. Der Quantenzustand gibt uns nur Wahrscheinlichkeiten. Stellen Sie sich vor, Sie schauen ein Fußballspiel, und der Star-Spieler hat den Ball. Basierend auf seinen Statistiken (oder „Quantenzustand") können Sie die Wahrscheinlichkeit abschätzen, dass er ein Tor erzielt, aber Sie können nicht sicher sein. So rollen Teilchen in der Quantenwelt – voller Möglichkeiten, aber nie eine Garantie.

Hier wird es noch spannender: Diese Quantenzustände können mit anderen überlagert oder verschränkt werden, was zu der von Einstein berühmten „spukhaften Fernwirkung" führt. Aber hier greifen wir uns selbst vor – das ist eine Geschichte für ein anderes Kapitel.

Warum sollten Sie sich um Quantenzustände kümmern? Nun, erinnern Sie sich an das Doppelspalt-Experiment? Die Ergebnisse lassen sich besser verstehen, wenn wir die Quantenzustände der Elektronen betrachten. Sie helfen zu erklären, warum sich Elektronen unterschiedlich verhalten, wenn sie beobachtet werden und wenn nicht. Außerdem basieren Technologien wie MRT-Geräte, Quantencomputer und sogar Ihr bescheidenes Smartphone auf dem Verständnis von Quantenzuständen. Wenn Sie sich jemals gefragt haben, warum Ihr Telefon so viel leistungsfähiger ist als Computer, die früher ganze Räume füllten, danken Sie der Quantenmechanik und ihren neugierigen Zuständen.

Okay, klopfen Sie sich auf die Schulter. Sie haben gerade eines der abstraktesten und wichtigsten Konzepte der Quantenmechanik verstanden. Natürlich gibt es noch mehr zu entdecken, aber das Verständnis des Quantenzustands ist wie ein Backstage-Pass für das Universum. Sie sind jetzt eingeweiht in die inneren Abläufe, die Muttern und Schrauben, die die seltsame und wunderbare Welt der Quantenmechanik antreiben.

Superposition: An zwei Orten gleichzeitig sein

Wir haben über die Wellen-Teilchen-Dualität, das Doppelspalt-Experiment und sogar über Quantenzustände gesprochen. Wenn Sie anfangen zu fühlen, als wären Sie gleichzeitig an zwei Orten, dann sind Sie genau in der richtigen Denkweise für unsere nächste große Idee: die Superposition.

Okay, fangen wir mit den Grundlagen an. Superposition klingt wie eines dieser Wörter, die man in einem Superheldenfilm hören würde, nicht wahr? In der Quantenwelt ist es fast genauso cool. Es ist das geistverbiegende Konzept, dass Teilchen gleichzeitig in mehreren Zuständen existieren können. Ja, Sie haben richtig gehört. Stellen Sie sich vor, Sie sind gleichzeitig wach und schlafend – das ist eine grobe Analogie dafür, was Teilchen tun, wenn sie in Superposition sind.
Aber machen wir es noch einfacher. Kennen Sie diese „Wähle dein eigenes Abenteuer"-Bücher, bei denen Sie zu verschiedenen Seiten blättern können, um verschiedene Handlungsstränge zu erkunden? Nun, in der Welt der Quantenmechanik sind Teilchen wie Leser, die all diese Handlungsstränge gleichzeitig erleben können, anstatt sich nur für einen entscheiden zu müssen. Und genau wie in diesen Büchern wird erst, wenn eine Entscheidung getroffen wird – oder in Quantenbegriffen eine Messung vorgenommen wird –, ein einzelner Handlungsstrang ausgewählt.
Denken Sie zurück an unser Doppelspalt-Experiment. Erinnern Sie sich, wie das Elektron durch beide Schlitze zu gehen schien, als niemand hinschaute? Das ist Superposition für Sie. Das Elektron befindet sich in einer Superposition von Zuständen, geht durch beide Schlitze, bis jemand beschließt, einen Blick zu werfen und es auf nur eine Möglichkeit zu „kollabieren".

Lassen Sie mich Ihnen sagen, warum das so eine große Sache ist. Superposition ist nicht nur eine abstrakte Idee; sie ist die Basis für reale Technologien, die Sie möglicherweise jeden Tag verwenden. Schon mal was von Quantencomputing gehört? Diese magischen Maschinen verwenden Quantenbits oder „Qubits", die in Superposition existieren, was es ihnen ermöglicht, mehrere Berechnungen gleichzeitig durchzuführen. Das ist es, was Quantencomputer für einige spezifische Aufgaben weitaus leistungsfähiger machen könnte als klassische Computer. Und das geht alles auf die Superposition zurück.

Warum ist das kein Alltagsbegriff? Nun, der Grund, warum die meisten von uns Superposition im täglichen Leben nicht erleben, ist, dass sie sich normalerweise bei Objekten, die viel größer als ein Atom sind, auswäscht. In der „Welt der großen Leute" herrscht die klassische Physik. Aber unterschätzen Sie nicht die Macht des Kleinen. Indem sie die Eigenheiten des Quantenmaßstabs verstehen, machen Wissenschaftler Fortschritte in Bereichen von der Medizin bis zur Cybersicherheit.

Schauen Sie sich an, wie Sie einen der schrulligsten Aspekte der Quantenphysik begreifen! Dies ist ein Konzept, das einige der besten Köpfe seit Jahrzehnten verwirrt und fasziniert hat, und jetzt gehören Sie zu diesem exklusiven Club. Auch wenn Sie es nicht vollständig verstehen – ich meine, versteht jemand wirklich die Quantenmechanik? –, sind Sie auf dem richtigen Weg.

Kollaps: Der Akt der Messung

Also, Sie haben die geistige Gymnastik der Quantenzustände überlebt und sogar einen Logenplatz beim Spektakel der Superposition gehabt. Aber es gibt noch ein weiteres Puzzleteil in diesem Quantenrätsel, das Sie kennen müssen – etwas, das als „Kollaps" bezeichnet wird. Nein, ich spreche nicht davon, was Sie vielleicht tun möchten, nachdem Sie versucht haben, all diese Quantenverrücktheit zu verstehen! Ich spreche davon, was mit einem Teilchen passiert, wenn Sie es messen.

Wenn Teilchen in einer Superposition sind, befinden sie sich in einer Mischung aus mehreren Zuständen. Aber sie bleiben nicht für immer so. Sobald Sie versuchen, ein Teilchen in Superposition zu messen, passiert etwas regelrecht Magisches: Es kollabiert in einen spezifischen Zustand. Es ist ein bisschen wie ein Kreisel, der auf Rot, Blau oder Gelb landen kann. Wenn er sich dreht, könnten Sie sagen, er befindet sich in einer „Superposition" aller drei Farben. Aber sobald er stoppt – bumm! – kollabiert er in eine dieser Farben.

Aber hier wird der Quantenkollaps zu einem Gebiet, das verwirrender ist als eine Wendung in einer Telenovela. In der Quantenphysik ist es nicht so, dass das Teilchen immer in einem Zustand war und wir es einfach nicht wussten. Es ist so, dass der Akt des Messens das Teilchen in einen einzelnen Zustand zwingt. Vor der Messung ist es, als könnte sich das Universum nicht entscheiden. Aber Ihr Akt des Messens veranlasst das Universum, sich festzulegen.

Lassen Sie uns das in den Alltag einbinden. Stellen Sie sich vor, Sie versuchen, heimlich einen Keks aus dem Keksglas zu nehmen, ohne dass Ihre Mutter es bemerkt. Solange sie nicht in der Küche ist, existieren Sie in einer Superposition von „erwischt" und „nicht erwischt". Aber in dem Moment, in dem sie hereinkommt und Sie entdeckt – Kollaps! – sind Sie definitiv erwischt. Es ist, als würde die Beobachtung Ihrer Mutter Sie in eine einzige, kekshaltige Realität zwingen.

Warum ist das wichtig? Der Kollaps hat einige tiefgreifende Implikationen dafür, was „Realität" ist. Es stellt unsere Intuition in Frage, dass die Welt da draußen unabhängig von unseren Beobachtungen existiert. Denken Sie darüber nach: Wenn der Akt des Messens das Ergebnis verändert, wie können wir jemals behaupten, den „wahren" Zustand von irgendetwas zu kennen?

Dieses Konzept des Kollapses informiert auch unser Verständnis von „Quantendekohärenz", einem Phänomen, bei dem Quantensysteme klassisch werden, wenn sie mit ihrer Umgebung interagieren – im Wesentlichen, warum wir makroskopische Objekte nicht in Superposition sehen. Dekohärenz und Kollaps sind zentral für die Rolle der Quantenmechanik in Dingen wie dem Quantencomputing, wo Berechnungen davon abhängen, Teilchen so lange wie möglich in Superposition zu halten, bevor ein absichtlicher Kollaps erfolgt, um das Ergebnis auszulesen.

Jetzt fragen Sie sich bestimmt: „Wer hat sich das ausgedacht?" Um ehrlich zu sein, geht das Konzept des Kollapses auf die Anfänge der Quantenmechanik zurück und ist immer noch Gegenstand intensiver Debatten unter Physikern. Einige stellen die Idee sogar in Frage und schlagen alternative Theorien vor. Aber vorerst ist die Idee des Kollapses die beste Erklärung, die wir dafür haben, warum Teilchen beim Messen scheinbar einen Zustand „wählen". Okay, geben Sie Ihrem Gehirn ein wenig Dehnung, vielleicht holen Sie sich etwas zu trinken. Dieses Kapitel war ein tiefer Tauchgang, aber Sie haben sich wie ein Champion gehalten. Der nächste Teil unserer Reise ist noch faszinierender. Es geht um Dinge wie Quantenverschränkung – was Einstein als „spukhafte Fernwirkung" bezeichnete – und Quantenteleportation. Ja, Sie haben richtig gelesen: Teleportation. Aber lassen Sie für jetzt einfach die Idee des Kollapses auf sich wirken. In einer Welt, in der so vieles sicher erscheint, ist es sowohl demütigend als auch aufregend, ein Reich zu erkunden, in dem Unsicherheit herrscht.

"Je genauer der Ort bestimmt ist, desto ungenauer ist der Impuls in diesem Augenblick bekannt und umgekehrt."

Werner Heisenberg

Werner Heisenberg, geboren am 5. Dezember 1901 in Würzburg, Deutschland, war ein bahnbrechender Physiker, der einen unauslöschlichen Einfluss auf das Gebiet der Quantenmechanik hinterließ. Besonders bekannt wurde er für die Formulierung des Heisenbergschen Unschärfeprinzips, einer grundlegenden Theorie, die unser Verständnis der atomaren und subatomaren Welt tiefgreifend veränderte.

Schon in jungen Jahren, beeinflusst durch das akademische Umfeld seiner Familie, begann Heisenbergs Weg in die Physik. Er studierte Physik an der Universität München unter der Leitung von Arnold Sommerfeld, einer bedeutenden Persönlichkeit in der Atomtheorie. Seine frühen Arbeiten in der Quantenmechanik, insbesondere seine Formulierung der Matrizenmechanik, waren bahnbrechend und ebneten den Weg für zukünftige Entdeckungen.

1927 konzipierte Heisenberg das Unschärfeprinzip, welches besagt, dass Position und Impuls eines Teilchens nicht gleichzeitig präzise gemessen werden können. Dieses Prinzip stellte klassische Vorstellungen der Physik in Frage und legte den Grundstein für die Entwicklung der Quantenmechanik.

Für seine Leistungen erhielt Heisenberg 1932 den Nobelpreis für Physik für die Schaffung der Quantenmechanik, deren Anwendung zur Entdeckung verschiedener Formen von Wasserstoff führte. Während des Zweiten Weltkriegs war er eine Schlüsselfigur im deutschen Atomwaffenprojekt, das jedoch keine Bombe entwickelte.
Nach dem Krieg setzte Heisenberg seine Arbeit in der Physik fort und spielte eine wichtige Rolle beim Wiederaufbau der wissenschaftlichen Forschung in Deutschland. Er war maßgeblich an der Entwicklung der Theorie des vereinheitlichten Feldes der Quantenelektrodynamik beteiligt.

Heisenbergs Beiträge gehen über seine wissenschaftlichen Errungenschaften hinaus. Er wird für seine philosophischen Überlegungen zu den Implikationen der Quantenmechanik in Erinnerung behalten, die wesentlich zu Diskussionen über die Schnittstelle von Wissenschaft, Philosophie und Ethik beitrugen. Heisenberg verstarb am 1. Februar 1976 und hinterließ ein Erbe, das die Welt der Physik und darüber hinaus weiterhin beeinflusst. Seine Arbeit hat nicht nur unser Verständnis der Quantenwelt neu geformt, sondern uns auch herausgefordert, unsere Wahrnehmung der Realität zu überdenken.

Die Heisenbergsche Unschärferelation

Die Grenzen der Präzision

Also, Sie versuchen, eine summende Fliege in deinem Zimmer zu orten. Sie machen das Licht aus, schalten eine Taschenlampe ein und sehen sie – genau dort, an der Wand. Sie könnten denken, dass Sie ihre Position ziemlich genau bestimmt haben, aber was wäre, wenn ich Ihnen sage, dass im Quantenreich das bloße „Hinschauen" bereits das beeinflusst, was Sie zu betrachten versuchen?

Nehmen wir zum Beispiel Elektronen. Diese subatomaren Teilchen haben die eigenartige Angewohnheit, nie still zu stehen. Irgendwie sind Elektronen wie kosmische Zappelphilippe, die ständig in unberechenbaren Mustern hüpfen und wirbeln. Stellen Sie sich vor, Sie versuchen, ein Glühwürmchen in einem dunklen Wald zu fotografieren, aber in dem Moment, in dem Sie den Blitz einschalten, zischt das Glühwürmchen davon. So ähnlich verhalten sich Elektronen, wenn Wissenschaftler versuchen, sie zu fixieren.

Warum ist das wichtig, fragen Sie? Nun, im Alltag können Sie die Geschwindigkeit eines fahrenden Autos und seinen Standort messen, ohne eines von beiden zu beeinflussen, dank der Gesetze der klassischen Physik. Die Quantenphysik hingegen kehrt das Ganze um. Gemäß dem Heisenbergschen Unschärfeprinzip gilt: Je genauer man die Position eines Objekts kennt, desto weniger genau kann man seinen Impuls bestimmen und umgekehrt. Laienhaft ausgedrückt, man kann nicht den Kuchen haben und ihn auch essen; man kann nicht genau wissen, wo etwas ist und wie schnell es gleichzeitig ist.

Das ist nicht nur eine abstrakte Theorie; es hat reale Konsequenzen. Schon mal von Quantentunneln gehört? Das ist das Phänomen, das Teilchen erlaubt, zu „schummeln" und durch Barrieren zu passieren, die sie technisch gesehen nicht durchdringen sollten. Dieses seltsame Ereignis ist teilweise auf die inhärente Unsicherheit zurückzuführen, die Positionen und Geschwindigkeiten der Teilchen zu bestimmen.

Also, das nächste Mal, wenn Sie Ihre Schlüssel verlieren und sie nirgendwo finden können, denken Sie einen Moment über das Heisenbergsche Unschärfeprinzip nach. Vielleicht, nur vielleicht, zeigen diese Schlüssel gerade quantenmechanisches Verhalten, indem sie sich weigern, genau lokalisiert zu werden, während Sie fieberhaft danach suchen! Aber keine Sorge, wir werden nicht zu tief in diesen Kaninchenbau hinabsteigen; fürs Erste ist es nur wichtig zu verstehen, dass diese Unsicherheit keine Begrenzung unserer Messinstrumente oder Methoden ist, sondern ein grundlegender Aspekt der Natur selbst. Es zeigt uns, dass Präzision ihre Grenzen hat, besonders in der Quantenwelt. Und das liegt nicht daran, dass wir schlecht im Messen sind; es scheint eher, als würde uns das Universum sagen, dass ein gewisses Mysterium bestehen bleiben muss.

Position und Momentum: Man kann nicht beides wissen

Gut, wir haben uns bisher nur oberflächlich mit der Idee beschäftigt, dass Präzision im Quantenbereich ihre Grenzen hat. Jetzt wollen wir uns auf zwei grundlegend miteinander verbundene, aber frustrierend schwer fassbare Eigenschaften konzentrieren: Position und Impuls.

Stellen Sie sich vor, Sie versuchen, einen Kolibri mit einer Hochgeschwindigkeitskamera zu fangen. Die schnelle Verschlusszeit könnte den genauen Standort des Vogels in einem Moment einfangen, aber kann sie auch zeigen, wie schnell der Kolibri mit seinen Flügeln schlägt? Nicht wirklich. Die superschnelle Aufnahme würde die Bewegung einfrieren, was es schwierig macht, die tatsächliche Geschwindigkeit des Vogels zu beurteilen. Umgekehrt, wenn Sie eine langsamere Verschlusszeit verwenden, um die Unschärfe der Flügel einzufangen, verlieren Sie die Präzision seiner Position. Dies ist ein ziemlich einfaches Beispiel, aber es spiegelt wider, was auf Quantenebene mit Partikeln wie Elektronen passiert.

Das Heisenbergsche Unschärfeprinzip kann als eine Art natürlicher Bremsklotz angesehen werden, der uns davor warnt, zu viel wissen zu wollen. Dies liegt nicht an einem Mangel unserer Instrumente; es ist vielmehr eine intrinsische Eigenschaft der Partikel selbst. Einfach ausgedrückt, schafft der Akt des Messens einer Eigenschaft, wie der Position eines Elektrons, einen „Nebel" um die komplementäre Eigenschaft, die in diesem Fall der Impuls ist.
Lassen Sie mich Ihnen einen schrulligeren Blickwinkel geben. Haben Sie schon mal Kuckuck mit einem Baby gespielt? Wenn Sie Ihr Gesicht verdecken, sind Sie in der Vorstellung des Babys „weg". Wenn Sie Ihr Gesicht wieder zeigen, sind Sie „zurück", aber das Baby weiß nicht, wo Sie als Nächstes auftauchen. Ähnlich verhält es sich in der Quantenlandschaft: Misst man die Geschwindigkeit (den Impuls) eines Elektrons, tappt man bezüglich seines genauen Standorts im Dunkeln. Es ist, als würde das Elektron mit uns ein endloses Spiel von Kuckuck spielen. Und nein, es wird davon nicht müde!

Sie denken vielleicht: „Na und? Wie betrifft mich das?" Nun, es beeinflusst die Technologien, die Sie täglich benutzen. Denken Sie an das GPS auf Ihrem Smartphone oder den Computer, auf dem Sie das hier lesen. Glauben Sie es oder nicht, Wissenschaftler und Ingenieure müssen diese Quantenbegrenzungen bei der Entwicklung solcher Technologien berücksichtigen. Das Ignorieren des Heisenbergschen Prinzips wäre wie ein Koch, der das Verfallsdatum auf einem Milchkarton ignoriert – unklug und sicher mit unerwünschten Ergebnissen verbunden.

Wenn wir tiefer in diesen Kaninchenbau vordringen, denken Sie daran: Die Unsicherheit zwischen Position und Impuls ist nichts, was wir einfach wegwünschen können. Es ist die Art des Universums, uns daran zu erinnern, dass das Leben eingebaute Mehrdeutigkeiten, eine Prise Unvorhersehbarkeit und ja, auch ein Häufchen Geheimnis mit sich bringt. Selbst wenn wir nicht alles wissen können, gibt uns das Streben, diese Prinzipien zu verstehen, wertvolle Einblicke, wie die Welt um uns – und in uns – wirklich funktioniert.

Implikationen für die Realität

Okay, Sie sind jetzt so weit gekommen, also lassen Sie uns nicht aufhören. Wir haben über die technischen Details gesprochen – wie Präzision ihre Grenzen hat und warum man nicht gleichzeitig Position und Impuls genau bestimmen kann. Aber was bedeutet das alles für unser Verständnis der Realität selbst? Nehmen Sie sich eine Tasse Tee, Kaffee oder was auch immer Ihre Neugier weckt, und lassen Sie es uns aufdröseln.

Zuerst wollen wir einen kleinen Mythos entkräften. Es gibt die verbreitete Wahrnehmung, dass die Gesetze der Physik eiserne Regeln sind, die bestimmen, wie jede Kleinigkeit im Universum sich verhält. Aber das Heisenbergsche Unschärfeprinzip wirft einen frechen Curveball auf diese Vorstellung. Sehen Sie, dieses Prinzip legt nahe, dass eine Art Unschärfe direkt in das Gewebe des Universums eingebaut ist. Es ist kein „Bug" oder „Fehler", sondern ein grundlegendes „Feature". Stellen Sie sich vor, Sie stricken einen Schal und entscheiden sich, einige einzigartige, bunte Fäden einzuarbeiten. Diese Fäden werden ein integraler Bestandteil des Schals und verleihen ihm einen Charakter, den er sonst nicht gehabt hätte. Ähnlich ist diese „Unsicherheit" kein Fehler im Universum; sie ist eher wie ein einzigartiger Faden, der in sein Gewebe eingewebt ist und ihm einen bestimmten Charakter verleiht.

Gut, lassen Sie uns etwas noch Faszinierenderes betrachten. Einige Theorien schlagen vor, dass diese inhärente Unsicherheit mit Phänomenen wie Quantenfluktuationen verbunden sein könnte, die kleine, vorübergehende Veränderungen in der Energie sind, die im leeren Raum auftreten. Diese Fluktuationen sind nicht nur theoretische Überlegungen; sie wurden experimentell beobachtet und haben sogar Implikationen für die Ursprünge des Universums selbst. Schon mal vom Urknall gehört? Ja, genau – Quantenfluktuationen könnten eine Rolle bei der Auslösung dieses monumentalen Ereignisses gespielt haben.

Und um Sie jetzt nicht allzu sehr zu schocken, aber dieses Prinzip beeinflusst auch das Konzept des „Determinismus", also den Glauben, dass alle Ereignisse vorherbestimmt und somit unvermeidlich sind. Die Idee des Schicksals oder der Bestimmung, über die lange von Philosophen, Dichtern und Dramatikern nachgedacht wurde, wird in der Quantenwelt etwas unscharf. Während die makroskopische Welt – denke an Planeten und Galaxien – Gesetzen folgt, die deterministisch erscheinen, ist es auf mikroskopischer Ebene nicht so eindeutig. Unsicherheit bedeutet, dass nicht alles vorherbestimmt ist. Also, wenn Sie über die Komplexitäten deines eigenen Lebens nachdenken, denken Sie daran, dass selbst das Universum nicht alles herausgefunden hat!

Was ich hoffe, dass Sie aus alledem mitnehmen, ist ein Gefühl des Staunens und vielleicht ein bisschen Demut. Trotz unserer beeindruckenden wissenschaftlichen Fortschritte gibt es immer noch viel, was wir nicht wissen. Was wir jedoch wissen, insbesondere dank Einsichten wie dem Heisenbergschen Unschärfeprinzip, öffnet Türen nicht nur zu besserer Technologie und neuen Energieformen, sondern auch zu einem tieferen Verständnis der Existenz selbst. Wenn Sie jemals unsicher über die Geheimnisse des Lebens sind, denken Sie daran: Das Universum ist genau da bei Ihnen und staunt über seine eigenen unerforschten Möglichkeiten.

Quantenflattern: Die Welt in winzigem Maßstab

Halten Sie sich fest, denn wir tauchen jetzt in etwas Erstaunliches ein. Haben Sie sich jemals gefragt, was passiert, wenn Sie in das Gewebe der Realität hineinzoomen, bis zu Skalen, die so winzig sind, dass Sie im Grunde die grundlegenden Bausteine des Universums betrachten? Auf dieser Ebene geschieht etwas Magisches, oder sollte ich sagen „quantenmäßig Eigenartiges"? Wir sprechen über das, was Wissenschaftler oft als „Quantenzittern" oder „Quantenfluktuationen" bezeichnen. Das sind nicht die üblichen Zitteranfälle von zu viel Koffein; das ist das Universum selbst, das ein wenig zittert!

Stellen Sie sich einen ruhigen See vor, einen perfekten Spiegel, der den Himmel reflektiert. Stellen Sie sich jetzt vor, wie Sie einen kleinen Kiesel hineinwerfen. Wellen breiten sich auf der Oberfläche aus und brechen für einen Moment die Stille, bevor sie wieder zur Ruhe kommt. Die Quantenwelt verhält sich ähnlich, aber mit einem Twist. Sie brauchen keinen sprichwörtlichen Kieselstein werfen, um Wellen zu sehen; sie sind immer da, erscheinen kontinuierlich und verschwinden wieder. Sie sind wie kleine Flüstern des Universums, die sagen: „Hey, ich bin nicht so einfach, wie du denkst!"
Und was macht das so faszinierend, fragen Sie? Diese Fluktuationen sind nicht nur zufälliges Rauschen; sie haben ernsthafte Implikationen. Glauben Sie es oder nicht, diese Zitterbewegungen spielen eine bedeutende Rolle dabei, wie Partikel miteinander und sogar mit dem leeren Raum interagieren. Sie haben richtig gelesen. „Leerer" Raum ist nicht so leer; er ist wie ein Meer von flüchtigen Möglichkeiten, ein Spielplatz für diese Quantenzitterbewegungen.

Sie fragen sich vielleicht, woher diese Fluktuationen kommen. Die einfache Antwort? Sie sind eine unvermeidbare Konsequenz unseres guten alten Freundes, des Heisenbergschen Unschärfeprinzips. Dieses Prinzip führt zu einer Art Grundrauschen im Universum. Man könnte es sich als die Hintergrundmusik des Universums vorstellen – ein ewiges sanftes Jazzensemble aus Partikeln und Antipartikeln, die in einem flüchtigen Tanz erschaffen und vernichtet werden.

Das ist mehr als nur eine abstrakte, theoretische Sache; es hat reale Anwendungen. Haben Sie zum Beispiel schon mal von "virtuellen Partikeln" gehört? Das sind Teilchen, die ein Ergebnis von Quantenzittern sind. Obwohl sie nur einen Bruchteil einer Sekunde existieren, können sie das Verhalten anderer Partikel beeinflussen, ähnlich wie eine kurze Begegnung mit einem Fremden Ihren ganzen Tag verändern kann.

Tatsächlich ist das so relevant für unser tägliches Leben, dass Forscher intensiv daran arbeiten, diese Fluktuationen zu nutzen. Sie haben vielleicht schon von "Quantenlevitation" gehört, bei der Supraleiter über einem Magnetfeld schweben. Raten Sie mal, wer hinter diesem Wunder steckt? Ja, es sind die Quantenfluktuationen, die die magnetischen Feldinteraktionen beeinflussen.

Lassen wir uns abschließend von der schieren Schönheit des Ganzen faszinieren. Stellen Sie sich das Universum in all seiner Pracht und Komplexität vor, mit einer Schicht der Unsicherheit, die kein Fehler, sondern ein wesentliches Merkmal ist. Eine Eigenschaft, die unglaubliche Phänomene wie Quantenlevitation, den Urknall und wer weiß, was wir noch entdecken werden, ermöglicht.

Also, das nächste Mal, wenn Ihre Welt ein wenig ins Wanken gerät, sei es durch Herausforderungen oder Veränderungen, denken Sie daran, dass das Universum auf seiner grundlegendsten Ebene nicht so anders ist. Auch es erlebt seine eigene Form von „Zittern", formt und gestaltet sich auf faszinierende Weise, die wir immer noch zu verstehen versuchen.

Die Energie-Zeit-Ungewissheit: Ein weniger bekanntes Geschwisterchen

Ah, das Unschärfeprinzip. Die meisten Leute werden damit durch das berühmte Duo „Position und Impuls" eingeführt – im Grunde die Idee, dass man die Position und den Impuls eines Teilchens nicht gleichzeitig genau messen kann. Aber raten Sie mal? Es gibt einen weniger bekannten, aber genauso faszinierenden Aspekt des Unschärfeprinzips: die Energie-Zeit-Unschärfe.

Stellen Sie sich das vor: Sie schauen einen Film und versuchen, genau in dem Moment zu pausieren, um einen supercoolen Spezialeffekt zu sehen. Aber gerade, als Sie auf Pause drücken, verschwimmt der Bildschirm für einen Sekundenbruchteil. Sie haben den Spezialeffekt gesehen, können aber nicht genau sagen, wie lange er gedauert hat, weil Sie pausiert haben. Es ist wie der Versuch, eine Schneeflocke zu greifen; sie verändert sich in dem Moment, in dem Sie sie berühren. So ähnlich ist es mit dem Energie-Zeit-Unschärfeprinzip.

Lassen Sie uns diese Idee ein wenig auspacken. Nach dem Energie-Zeit-Unschärfeprinzip gilt: Je genauer man versucht, eine Energieänderung innerhalb eines Systems zu messen, desto unsicherer ist man darüber, wann diese Änderung stattgefunden hat, oder umgekehrt. Wenn Sie also die genaue Energie eines Teilchens in einem bestimmten Augenblick wissen möchten, müssen Sie sich mit einem unscharfen Bild zufriedengeben, wann es diese Energie hatte.

Hier wird es noch spannender. Dieses Prinzip hat einige fesselnde Auswirkungen für Prozesse wie den radioaktiven Zerfall. Sie haben von Radioaktivität gehört, richtig? Das ist, wenn ein Atom beschließt: „Weißt du was? Heute fühle ich mich etwas zu schwer", und ein Teilchen abwirft, um die Last zu verringern. Aber Wissenschaftler können nie vorhersagen, wann ein Atom zerfällt; sie können nur Wahrscheinlichkeiten angeben. Warum? Sie haben es erraten – das Energie-Zeit-Unschärfeprinzip. In mikroskopischen Systemen scheint die Natur gerne zu würfeln.

Jetzt fragen Sie sich vielleicht, warum wir nicht so viel über dieses „Geschwister" hören, wie über das Position-Impuls-Paar. Nun, zum einen ist es nicht so leicht vorstellbar. Das Konzept der Energieänderung über die Zeit in einem winzigen Teilchen ist nicht etwas, mit dem wir in unserem täglichen Leben leicht in Verbindung treten können. Außerdem wird es oft für hochrangige Physikvorträge reserviert und ist normalerweise nicht der Stoff für Cocktailparty-Gespräche – obwohl es das ehrlich gesagt sein sollte.

Aber das macht es nicht weniger wichtig. Schon mal von „virtuellen Partikeln" gehört? Nun, sie tauchen hier wieder im Gespräch auf. Diese flüchtigen Partikel, die ins Dasein kommen und wieder verschwinden, werden ebenfalls vom Energie-Zeit-Unschärfeprinzip beeinflusst. Stellen Sie sich das vor – etwas so Grundlegendes, dass es sowohl bestimmt, wie sich Partikel durch den Raum bewegen, als auch, wie sie mit der Zeit interagieren.
Und hier ist eine interessante Kleinigkeit: diese Fluktuationen könnten der Schlüssel zum Verständnis einiger der tiefsten Geheimnisse des Universums sein, wie Dunkle Energie und Dunkle Materie. Forscher sind wirklich begeistert davon, wie dieser weniger besprochene Aspekt des Unschärfeprinzips Türen öffnen könnte, von denen wir nicht einmal wussten, dass sie existieren.

Also, das nächste Mal, wenn Sie Lust haben, in das Unheimliche und Außergewöhnliche einzutauchen, denken Sie daran: Das Universum hat ein weniger bekanntes Geschwister, das genauso bezaubernd und geheimnisvoll ist. Auch wenn es nicht im Rampenlicht steht, ist es da draußen und beeinflusst subtil alles, von den Atomen in Ihrem Körper bis zu den entferntesten Winkeln des Kosmos.

Virtuelle Teilchen: Flüchtige Gäste im leeren Raum

Haben Sie sich jemals gefragt, was im Leeren des Weltraums vor sich geht? Man könnte verzeihen, wenn Sie denken: „Nun, es ist leer, also wahrscheinlich nicht viel", richtig? Überraschung – der leere Raum ist ein bisschen wie ein Partytier. Er ist gefüllt mit dem, was Wissenschaftler „virtuelle Partikel" nennen, und diese Kerle sind wie die Mauerblümchen, die plötzlich, wenn auch kurz, zum Tanzen anfangen und den Raum lebendiger machen, als man erwarten würde.

Hier kommt der Spaß: Diese Partikel werden so genannt, weil sie nicht genau „real" sind, so wie wir echte Dinge verstehen. Sie tauchen in so kurzen Zeitspannen auf und ab, dass wir sie nicht direkt beobachten können. Aber wir wissen, dass sie da sind, weil sie messbare, wenn auch flüchtige, Auswirkungen auf ihre Umgebung haben. Also, genau wie Sie vielleicht keinen Kolibri fliegen sehen, aber die Luft spüren, die er verdrängt, machen virtuelle Partikel ihre Anwesenheit indirekt bekannt.

Nun, wie hängen diese virtuellen Partikel mit unserer Diskussion über das Heisenbergsche Unschärfeprinzip zusammen, fragen Sie vielleicht? Nun, erinnern Sie sich an unser weniger bekanntes Geschwister, die Energie-Zeit-Unschärfe? Virtuelle Partikel sind sozusagen die Plakatkinder dafür. Diese Partikel leihen sich im Grunde Energie vom Universum für einen winzigen, fast unbemerkbaren Zeitraum aus. Je mehr Energie sie leihen, desto schneller müssen sie sie sozusagen „zurückgeben". Und das passt perfekt zur Energie-Zeit-Unschärfe, die es Ihnen nicht erlaubt, gleichzeitig einen präzisen Griff auf Energie und Zeit zu haben.

Wenn ich sage, dass diese Partikel Partytiere sind, mache ich keinen Scherz. Sie sind der Grund für Phänomene wie den Casimir-Effekt, bei dem sich zwei Platten im Vakuum gegenseitig anziehen. Stellen Sie sich vor, Sie legen zwei Bücher dicht aneinander auf einen Tisch und stellen fest, dass sie sich noch näher zueinander bewegen, wenn Sie nicht hinsehen! So magisch, verwirrend und wunderbar ist die Welt, die diese virtuellen Partikel erschaffen helfen.

Lass uns der Geschichte noch etwas Würze hinzufügen: Diese Partikel könnten eine Rolle bei einigen der größten Geheimnisse des Universums spielen. Physiker grübeln über Dinge wie Dunkle Energie nach, jenes seltsame Zeug, das für die beschleunigte Expansion des Universums verantwortlich ist. Einige Theorien legen nahe, dass virtuelle Partikel zu dieser Dunklen Energie beitragen könnten. Das ist so, als würde man herausfinden, dass das stille Kind in der Klasse eigentlich ein genialer Dichter oder ein geheimer Superheld ist.

In gewisser Weise sind diese virtuellen Partikel Erinnerungen an das komplizierte und etwas verschmitzte Design unseres Universums. Sie trotzen der Intuition, lachen unserer alltäglichen Erfahrung ins Gesicht und sind doch so real wie die Luft, die wir atmen – naja, fast. Das nächste Mal, wenn Sie die Wörter „Vakuum" oder „leerer Raum" hören, denken Sie zweimal nach. Vielleicht findet gerade ein kosmischer Tanz direkt unter – oder sollte ich sagen, in – unseren Nasen statt.

Die Quantenwelt der Atome und Moleküle

Das Bohrsche Modell: Frühe Überlegungen zur Atomstruktur

Tauchen wir ein in das faszinierende Universum der Atome und Moleküle, beginnend mit dem wegweisenden Bohr-Modell. Niels Bohr stellte dieses Modell 1913 als Antwort auf einige noch offene Fragen in der Atomphysik vor. Es postulierte, dass Elektronen den Kern in quantisierten Energiezuständen umkreisen – denke dabei an spezifische Stufen einer Treppe. Es mag heute elementar klingen, aber damals brach dieses Konzept der Quantisierung Neuland auf. Es löste die Inkonsistenz in der klassischen Physik, die nicht erklären konnte, warum Elektronen nicht in den Kern spiralen und Atome zum Kollaps bringen.

Das Bohr-Modell hatte seinen Ruhmesmoment mit Wasserstoff, dem einfachsten Element mit nur einem Elektron. Es erklärte genau, warum Wasserstoffatome Licht bei bestimmten Wellenlängen emittieren oder absorbieren. Das war zu dieser Zeit eine große Sache, wenn man bedenkt, dass Spektrallinien – jene charakteristischen Farbbänder, die von Elementen emittiert oder absorbiert werden – Wissenschaftler lange Zeit verwirrt hatten.

Breitere Auswirkungen

Die Auswirkungen des Bohr-Modells reichten weit über Wasserstoffatome hinaus. Es bereitete den Weg für die Quantenbeschreibung komplexerer atomarer Systeme. Wichtig ist auch, dass das Modell bedeutende Beiträge zur Spektroskopie leistete und half, Wissenschaftlern das Verständnis der einzigartigen Spektrallinien verschiedener Elemente zu ermöglichen. Dies hat dauerhafte Anwendungen, einschließlich der Hilfe für Astronomen bei der Entschlüsselung der Zusammensetzung entfernter Himmelskörper.

Einschränkungen

Trotz seines bahnbrechenden Charakters war das Bohr-Modell nicht ohne Mängel. Es zeigte sich effektiv bei Wasserstoff, hatte aber Schwierigkeiten bei der Bewältigung komplexerer Elemente, die oft mehrere Elektronen aufweisen, die auf komplexe Weise interagieren. Das Modell stieß auch bei der Erklärung von Phänomenen wie der Feinstruktur von Spektrallinien und dem Zeeman-Effekt, bei dem sich Spektrallinien unter magnetischen Feldern aufspalten, an seine Grenzen.

Erbe und Übergang zur modernen Quantenmechanik

Das Bohr-Modell mag zwar von umfassenderen Theorien abgelöst worden sein, aber es diente als Eckstein für die moderne Quantenmechanik. Persönlichkeiten wie de Broglie, Schrödinger und Heisenberg bauten auf Bohrs Ideen auf und lieferten uns die komplexen Quantenmodelle, die wir heute haben. Bohrs Konzept der Quantisierung blieb ein zentraler Punkt und beeinflusste die Entwicklung von Quantenzahlen und Quantenzuständen.

Das Bohr-Modell war ein wichtiger Meilenstein auf dem Weg zu unserem heutigen Verständnis der Quantenmechanik. Trotz seiner Einschränkungen hat sein bahnbrechender Charakter und die daraus resultierenden Fragen ein dauerhaftes Vermächtnis geschaffen. Während die Quantentheorie weiterhin evolviert, bleibt das Bohr-Modell ein Bildungswerkzeug, ein historisches Artefakt und eine Hommage an die frühe Genialität, die die Grundlagen für die moderne, bizarre und absolut faszinierende Welt der Quantenphysik legte.

Quantenzahlen und Orbitale

Nach dem Bohr-Modell wollen wir uns nun in das Universum der Quantenzahlen und Orbitale vertiefen. Wenn Sie sich Atome als winzige Sonnensysteme vorstellen, könnten die Quantenzahlen wie die „Verkehrsregeln" für Elektronen erscheinen, die um Atomkerne herumflitzen. Die Sache ist, Elektronen sind viel seltsamer als Planeten; sie sind eher wie verschwommene Wahrscheinlichkeitswolken als ordentliche kleine Kugeln in einer Umlaufbahn. Also, wie beschreiben wir diese eigenartigen Dinge? Hier kommen Quantenzahlen und Orbitale ins Spiel.

Quantenzahlen sind wie die Ausweis-Tags für Elektronen. Sie geben uns wesentliche Informationen über das Verhalten eines Elektrons innerhalb eines Atoms, ähnlich wie Ihr Reisepass wichtige Details über Sie enthält. Diese Zahlen helfen Wissenschaftlern, alles von der Energie eines Elektrons bis zu seiner Orientierung und sogar seinem Spin vorherzusagen! Ohne uns zu sehr zu verlieren, sprechen wir normalerweise über vier Hauptquantenzahlen: die Hauptquantenzahl (n), die azimutale Quantenzahl (l), die magnetische Quantenzahl (m) und die Spinquantenzahl (s). Jede gibt uns etwas anderes und Einzigartiges über ein Elektron an.

Die Hauptquantenzahl ist sozusagen die Postleitzahl für Elektronen und zeigt an, in welchem Energiezustand sie sich befinden. Je höher die Zahl, desto weiter ist das Elektron vom Kern entfernt und desto mehr Energie hat es. Die azimutale Quantenzahl gibt uns Auskunft über die Form des Elektronenorbitals. Zum Beispiel könnte ein Elektron in einem kugelförmigen (s) Orbital oder in einem hantelförmigen (p) Orbital sein. Die magnetische Quantenzahl lässt uns die Orientierung dieser Orbitale im Raum wissen. Und zu guter Letzt gibt uns die Spinquantenzahl Einblicke in den intrinsischen Drehimpuls eines Elektrons. Ein bisschen so, wie die Erde sich um ihre Achse dreht, haben Elektronen einen „Spin", aber stell dir das nicht vor wie einen winzigen Ball, der sich dreht. In der Quantenwelt ist „Spin" ein abstraktes Konzept, das Dinge wie magnetische Eigenschaften beeinflusst.

Orbitale sind ein weiteres Schlüsselkonzept, das Hand in Hand mit Quantenzahlen geht. Stellen Sie sich vor, Sie könnten den Aufenthaltsort eines Elektrons um ein Atom herum visualisieren. Was Sie sehen würden, ist keine planetenähnliche Umlaufbahn, sondern ein Orbital – eine Region, in der man am wahrscheinlichsten ein Elektron finden würde. Das sind keine Pfade; sie sind eher wie „Elektronenwolken", in denen sich Elektronen zu einem gegebenen Zeitpunkt befinden könnten. Die Formen dieser Orbitale werden durch die Quantenzahlen bestimmt. Einige sind einfache Kugeln, während andere wie Hanteln oder sogar noch komplexere Formen aussehen könnten.

Warum sollten Sie sich überhaupt dafür interessieren? Nun, Quantenzahlen und Orbitale sind entscheidend für Dinge wie chemische Reaktionen. Wenn Sie sich je gefragt haben, warum Natrium explosiv mit Wasser reagiert, Neon aber überhaupt nicht, liegt das größtenteils an den Quantenzahlen ihrer Elektronen und den Formen ihrer Orbitale. Sie bestimmen, wie Elemente miteinander interagieren, und legen damit die Grundlage für alles, vom Wasser, das Sie trinken, bis zu den Medikamenten, die Sie nehmen. Sogar das Gerät, mit dem Sie das hier lesen, hat Materialien, deren Eigenschaften dank unseres Verständnisses von Quantenzahlen und Orbitalen optimiert wurden.

Ein faszinierender, aber weniger besprochener Fakt ist, dass das gesamte Periodensystem der Elemente, das Diagramm, an das Sie sich vielleicht aus dem Chemieunterricht erinnern, als eine Art „Auffüllprozess" verstanden werden kann, der von Quantenzahlen gesteuert wird. Wenn ein Satz von Quantenzahlen „voll" ist, das heißt, wenn alle Orbitale auf diesem Energieniveau besetzt sind, muss das nächste Element in der Reihenfolge einen neuen Satz von Quantenzahlen beginnen. Das macht das Periodensystem periodisch! Was also wie eine etwas willkürliche Anordnung von Elementen aussieht, ist tatsächlich ein genialer Schnappschuss der Quantenmechanik in Aktion.

Zusammengefasst sind Quantenzahlen und Orbitale nicht nur abstrakte mathematische Gleichungen oder theoretischer Jargon; sie sind das Regelwerk für das Verhalten von Materie auf ihrer grundlegendsten Ebene. Das nächste Mal, wenn Sie ein Stück Pfefferminzkaugummi in den Mund nehmen und diese kühle Geschmacksexplosion erleben, erinnern Sie sich daran, dass die Quantenmechanik mit ihren Zahlen und Orbitalen einen Teil dazu beiträgt, dieses sinnliche Erlebnis zu schaffen.

Chemische Bindungen und Quantenphysik

Nachdem wir nun einen Einblick in die Quantennatur von Atomen und Elektronen gewonnen haben, werfen wir einen Blick auf etwas, das unser tägliches Leben mehr beeinflusst, als wir vielleicht denken: chemische Bindungen. Siehst du, Atome sind gesellige Wesen; sie sind gerne in Gesellschaft. Aber im Gegensatz zu einem zwanglosen Gespräch bei Kaffee, wenn Atome zusammenkommen, bilden sie chemische Bindungen. Und rate mal, was hinter der Magie dieser Bindungen steckt? Richtig – Quantenphysik.

Erinnern Sie sich, als wir über Orbitale gesprochen haben, jene wolkenähnlichen Regionen, in denen Elektronen gerne verweilen? Wenn zwei Atome nahekommen, können sich ihre Orbitale überlappen, was zu einer chemischen Bindung führt. Es gibt verschiedene Arten von Bindungen, und jede hat ihre eigenen Eigenarten und Merkmale, die alle von der Quantenmechanik bestimmt werden.

Zuerst sprechen wir über kovalente Bindungen. In einfachsten Worten ist das etwas, wo zwei Atome Elektronen teilen. Stellen Sie sich das wie einen Quanten-Handschlag vor, bei dem beide Atome ihre Elektronen in einen überlappenden Orbitalraum bringen. Ein klassisches Beispiel ist ein Wassermolekül. Ein Sauerstoffatom bildet kovalente Bindungen mit zwei Wasserstoffatomen und teilt Elektronen, um diese erfrischende Substanz zu schaffen, ohne die wir alle nicht leben können.
Kovalente Bindungen sind im Allgemeinen stark und stabil, aber ihre Stärke kann variieren. Einige sind wie lebenslange Freundschaften, während andere eher Bekanntschaften ähneln, die bereit sind, sich zu lösen, wenn etwas Besseres kommt. Die Stärke einer kovalenten Bindung hängt von vielen Faktoren ab, einschließlich der beteiligten Atomtypen und der Umgebung, in der sie sich befinden. Zum Beispiel verhält sich die kovalente Bindung in einem Molekül Kochsalz (NaCl) in Wasser oft anders, indem sie bricht, um Ionen zu bilden, als in fester Form.

Nun sprechen wir über ionische Bindungen. Diese ähneln ein wenig einseitigen Beziehungen. Bei einer ionischen Bindung gibt ein Atom im Grunde ein Elektron an ein anderes Atom ab. Das Atom, das ein Elektron verliert, wird positiv geladen, und das Atom, das ein Elektron gewinnt, wird negativ geladen. Diese entgegengesetzten Ladungen ziehen sich an und halten die Atome zusammen. Solche Bindungen findet man in Dingen wie Kochsalz. Wenn kovalente Bindungen wie das Teilen einer Pizza sind, dann sind ionische Bindungen wie ein Freund, der einem anderen die ganze Pizza gibt und dann bleibt, weil er ihm etwas schuldet.

Aber hier wird es ein bisschen science-fiction-mäßig: Obwohl diese Elektronen „übertragen" werden, werden sie immer noch von Quantenwahrscheinlichkeiten beherrscht. Sie sind nicht einfach an die Atome geklebt, wie Aufkleber auf einem Stück Obst; sie befinden sich immer noch in einem Quantenzustand und schwirren um den Kern herum. Selbst in etwas so Einfachem wie Kochsalz ist die Quantenmechanik fleißig am Werk.

Dann gibt es noch metallische Bindungen, die in Metallen wie Kupfer oder Eisen vorkommen. Stellen Sie sich einen Ozean von Elektronen vor, die frei um ein Gitter aus Metallionen fließen. Es ist wie ein Gemeinschaftsessen, bei dem jeder etwas Essen (in diesem Fall Elektronen) zum Teilen mitbringt. Dieser „Elektronenmeer" ist der Grund, warum Metalle gute Stromleiter sind. Die Elektronen können sich leicht bewegen und elektrische Ladung durch das Material transportieren.
Das Coole daran ist, dass jeder Bindungstyp seinen eigenen „Fingerabdruck" in der Quantenwelt hat. Sie haben einzigartige Energiezustände, Quantenzahlen und Orbitalformen. Wissenschaftler können sogar Techniken wie die Röntgenkristallographie verwenden, um diese Bindungen auf Quantenebene zu visualisieren, was ziemlich umwerfend ist, wenn man darüber nachdenkt.
In gewisser Weise ist die Quantenphysik der ultimative Kuppler. Sie legt die Regeln fest, wie Atome sich verbinden können und welche Arten von Molekülen sie bilden können. Alles, von der DNA in deinen Zellen bis zur Kunststoffhülle deines Smartphones, ist das Ergebnis dieser Quantenregeln. Es mag wie etwas aus einem futuristischen Roman klingen, aber es passiert überall um uns herum – und in uns – in jedem einzelnen Moment unseres Lebens. Also das nächste Mal, wenn Sie eine köstliche Mahlzeit genießen oder tief frische Luft einatmen, können Sie der Quantenmechanik mit ihren eigenwilligen Gesetzen und unscharfen Elektronen dafür danken, dass sie all das möglich macht.

Quantenverschränkung: Gespenstische Wirkung in der Ferne

Das EPR-Paradoxon und das Bellsche Theorem

Halten Sie sich fest, denn wir nehmen uns jetzt eines der verwirrendsten Phänomene in der Quantenmechanik vor: die Quantenverschränkung. Einstein nannte sie berühmt „spukhafte Fernwirkung", und glauben Sie mir, es ist so seltsam, wie es klingt. Doch bevor wir in die Einzelheiten eintauchen, sprechen wir darüber, wie dieses verwirrende Konzept überhaupt ans Licht kam. Die Bühne wurde durch etwas bereitet, das als EPR-Paradoxon bekannt ist, vorgeschlagen von Einstein, Podolsky und Rosen im Jahr 1935. Ja, dieser Einstein – der Kerl mit den wilden Haaren und der Relativitätstheorie.

Das EPR-Paradoxon war im Grunde ein Gedankenexperiment, entworfen, um die Vollständigkeit der Quantenmechanik herauszufordern. Einstein war kein großer Fan davon, wie die Quantentheorie nur Wahrscheinlichkeiten vorhersagen konnte. Er wollte etwas Definiteres und sagte: „Gott würfelt nicht mit dem Universum." Im EPR-Paradoxon werden zwei Teilchen – nennen wir sie Alice und Bob – auf eine Art und Weise miteinander verschränkt, dass ihre Eigenschaften verbunden sind. Dann werden sie über eine große Distanz voneinander getrennt.

Das Paradoxon besagt, dass, wenn man eine Eigenschaft von Alice misst, man sofort die entsprechende Eigenschaft von Bob kennt, egal wie weit sie voneinander entfernt sind. Aber hier kommt der Knackpunkt: Einstein und seine Kollegen argumentierten, dass es „verborgene Variablen" geben müsse, etwas, das wir noch nicht kannten, das diese Eigenschaften vorherbestimmte. Andernfalls müsste man akzeptieren, dass die Messung an Alice Bob augenblicklich beeinflusste, was, nun ja, „spukhaft" erschien und nicht im Einklang mit dem Universum stand, wie Einstein es sah.

Aber in den 1960er Jahren kam der Physiker John Bell und brachte alles durcheinander. Er entwickelte das sogenannte Bellsche Theorem, eine Art Test, um zu sehen, ob diese „verborgenen Variablen", von denen Einstein sprach, tatsächlich existierten. Wie machte er das? Bell schlug vor, dass, wenn die Quantenmechanik vollständig wäre und keine verborgenen Variablen existierten, es Korrelationen zwischen verschränkten Teilchen geben würde, die durch keine klassische Theorie erklärt werden könnten. Das wurde tatsächlich getestet. Man führte Experimente mit verschränkten Teilchen durch, die Meilen voneinander entfernt waren, und maß sie dann. Die Ergebnisse? Sie stimmten mit dem überein, was die Quantenmechanik vorhersagte, nicht mit einer Theorie der „verborgenen Variablen". Es war, als ob die Teilchen tatsächlich sofort über große Entfernungen miteinander kommunizierten, auf eine tiefe, grundlegende Art und Weise, die wir noch nicht ganz erfassen. Das bewies nicht per se, dass Einstein falsch lag, aber es zeigte, dass das Universum vielleicht noch seltsamer sein könnte, als selbst er es für möglich hielt.

Um es einfach auszudrücken: Stellen Sie sich Alice und Bob wie ein Paar magischer Würfel vor. Sie und ein Freund würfeln jeweils Würfel – egal, wo Sie sind, wenn Sie eine Sechs würfeln, zeigt der Würfel Ihres Freundes auch sofort eine Sechs. Keine „verborgenen Variablen", keine Tricks im Ärmel; es ist, als ob die Würfel „wüssten", was das Ergebnis sein wird. Bells Theorem gibt uns nicht alle Antworten, aber es zwingt uns dazu, die beunruhigende Möglichkeit zu konfrontieren, dass die grundlegenden Bausteine unserer Realität in einem komplexen Geflecht miteinander verbunden sind, das unserem klassischen Verständnis der Welt widerspricht. Die Ergebnisse der Experimente im Zusammenhang mit Bells Theorem ließen Wissenschaftler ratlos zurück, eröffneten aber auch neue Wege der Forschung, wie Quantencomputing und Quantenkryptografie.

Sehen Sie, wenn Teilchen „verschränkt" sein können, dann besteht das Potenzial, dies für schnellere als lichtschnelle Kommunikation oder ultrasichere Verschlüsselungsmethoden zu nutzen. Stellen Sie sich vor, Sie senden eine Nachricht, die sofort einen Code macht, der unmöglich zu knacken ist, weil es eigentlich gar kein „Code" ist – es ist eine grundlegende Eigenschaft verschränkter Teilchen.
Obwohl es derzeit Grenzen gibt, was wir mit diesem Phänomen anfangen können, deutet die bloße Tatsache, dass es existiert, darauf hin, dass es tiefere Schichten des Universums gibt, die noch entdeckt werden müssen. Es ist, als hätten wir eine geheime Tür gefunden, suchen aber noch nach dem richtigen Schlüssel.

So sehr die Quantenverschränkung auch unser alltägliches Verständnis der Welt durcheinanderbringt, ist sie doch auch ein Hinweis darauf, dass es noch viel zu lernen gibt. Sie ist wie ein Puzzleteil, das nirgendwo zu passen scheint, bis Sie vielleicht, nur vielleicht, erkennen, dass Sie das Gesamtbild noch nicht sehen.

Experimente zur Verschränkung: Beweis der Quantenverrücktheit

Wenn Sie vom skeptischen Typ sind, fragen Sie sich vielleicht: „Okay, das ist eine wilde Theorie, aber wie wissen wir wirklich, dass Quantenverschränkung existiert?" Fantastische Frage! Glücklicherweise philosophieren wir hier nicht nur; es gab tatsächlich Experimente, die dieses geistverbiegende Phänomen untermauern.

Eines der berühmtesten Experimente, das die Quantenverschränkung demonstriert, ist als das Aspect-Experiment bekannt, benannt nach dem Physiker Alain Aspect, der es Anfang der 80er Jahre durchführte. In einer Laboranordnung wurden Lichtpartikel, sogenannte Photonen, verschränkt und in entgegengesetzte Richtungen geschickt. Detektoren wurden weit entfernt vom Punkt aufgestellt, an dem sich diese Photonen trennten, und die Ergebnisse? Die Messungen an den Photonen korrelierten auf eine Weise, die mit der Quantentheorie übereinstimmte und mit einer Welt der „verborgenen Variablen" unvereinbar war.

Jetzt kommt der Teil, der wirklich zum Kopfkratzen anregt. Die Detektoren wurden so aufgestellt, dass ihre Einstellungen sehr schnell geändert werden konnten, schneller, als jedes Signal nach der Lichtgeschwindigkeit (die, erinnere dich, das kosmische Tempolimit ist, laut Einstein) zwischen ihnen hätte reisen können. Wenn irgendeine Art von Signal zwischen den verschränkten Teilchen gesendet worden wäre, um sich gegenseitig zu „sagen", wie sie sich verhalten sollen, müsste es einige grundlegende Gesetze der Physik brechen. Also, wenn Sie bereit sind, Einsteins Regelwerk komplett zu zerreißen, sieht es so aus, als ob Verschränkung echt wäre.

Aspects Experiment war bahnbrechend, aber er ist nicht der Einzige, der mit Verschränkung experimentierte. Im Laufe der Jahre haben Forscher die Grenzen erweitert, indem sie Verschränkung über größere Entfernungen und mit komplexeren Systemen getestet haben. Beispielsweise wurden Experimente mit verschränkten Atomen und sogar größeren Molekülen durchgeführt, die alle das seltsame, miteinander verbundene Verhalten bestätigen, das die Quantenmechanik vorhersagt.

Wirklich atemberaubend ist, wie diese Experimente nicht mehr nur in Laboren auf der Erde durchgeführt werden. Im Jahr 2017 nutzte ein Forschungsteam den Micius-Satelliten, um verschränkte Photonen aus dem Weltraum zur Erde über eine Entfernung von mehr als 1.200 Kilometern zu senden! Das Ergebnis? Wieder einmal stellten sie fest, dass die verschränkten Teilchen auf eine korrelierte Weise agierten, die der klassischen Intuition widerspricht.

Nun denken Sie mal darüber nach. Verschränkung ist nicht nur ein skurriles Laborphänomen; es könnte eine grundlegende Eigenschaft unseres Universums sein. Sie könnten auf der Erde sein und ich auf dem Mars (natürlich mit einem hochtechnologischen, futuristischen Kommunikationsgerät), und wenn wir ein Paar verschränkter Teilchen hätten, würde eine Veränderung in einem im anderen sofort widergespiegelt.

Aber packen Sie Ihre Taschen für den Mars noch nicht. Es gibt immer noch viele technische Herausforderungen zu lösen, bevor wir Verschränkung für etwas so Großartiges wie interplanetare Kommunikation nutzen können. Es ist ein bisschen wie beim ersten Prototyp eines Handys: Man sieht das Potenzial, aber es ist noch nicht bereit für den Hauptgebrauch.

Was klar ist, ist, dass die wissenschaftlichen Experimente einen Punkt erreicht haben, an dem Quantenverschränkung nicht nur eine Theorie ist; es ist ein beobachtetes Phänomen. Es zwingt uns dazu, einige unserer grundlegendsten Annahmen über die Welt zu überdenken. Und wer weiß, welche Türen sich öffnen werden, sobald wir den vollen Umfang ihrer Implikationen umarmen? Wir könnten am Rand eines völlig neuen Verständnisses des Stoffes des Universums stehen, und das, meine Freunde, ist ziemlich aufregend.

Anwendungen: Quantencomputing und Teleportation

Mittlerweile staunen Sie wahrscheinlich über die Seltsamkeit der Quantenverschränkung und fragen sich vielleicht: „Okay, es ist merkwürdig. Aber ist es auch nützlich?" Die kurze Antwort ist: absolut. Zwei der am meisten diskutierten Anwendungen, die auf der Eigenart der Verschränkung basieren, sind Quantencomputing und Quantenteleportation. Lassen Sie uns diese ein wenig erkunden.

Quantencomputing

Ah, Quantencomputing – die revolutionäre Entwicklung, die uns in ein völlig neues Reich der Möglichkeiten führt. Vergessen Sie schrittweise Verbesserungen; diese Technologie ist eine so radikale Veränderung, wie wir sie in der Computertechnik je gesehen haben. Wir sprechen von Durchbrüchen, die uns helfen könnten, neue Arten von Materialien zu entwerfen, die komplexesten Systeme der Welt zu optimieren und sogar das Verhalten von Atomen und Molekülen nachzuahmen. Wir passen nicht nur bestehende Fähigkeiten an; wir erschließen eine völlig neue Dimension von Möglichkeiten.

Geschwindigkeit ist nur ein Teil des Puzzles. Sicherlich verspricht Quantencomputing unglaublich schnell zu sein, aber das ist nicht das Entscheidende. Was es auszeichnet, ist sein Potenzial, Fragen zu lösen, die so komplex sind, dass sie derzeit außerhalb unserer Reichweite liegen. Probleme, für die selbst die fortschrittlichsten klassischen Computer länger als das Alter des Universums bräuchten, können in einem weit vernünftigeren Zeitrahmen angegangen werden. Die Geschwindigkeit ist nicht nur eine Aufwertung; sie ist eine Neudefinition dessen, was möglich ist.

Ein typischer Computerbit ist binär, eine klare 0 oder 1. Quantencomputing hingegen verwendet „Qubits", die dank der Überlagerung (Superposition) gleichzeitig 0 und 1 sein können. Das mag wie Magie klingen, aber es ist die Art von Magie, die das Computing revolutionieren könnte. Es handelt sich hierbei nicht nur um eine Verbesserung eines Lichtschalters durch Hinzufügen eines Dimmers; es ist, als würde man den Lichtschalter durch ein Bedienfeld ersetzen, das Zeit und Raum manipuliert. Der Sprung von klassischen Bits zu Quantenbits ist nicht inkrementell; er ist exponentiell.

Und dann gibt es noch die Verschränkung, jenes Prinzip, das Einstein berühmt fand, aber nicht widerlegen konnte. Qubits können verschränkt sein, was bedeutet, dass der Zustand des einen sofort den Zustand eines anderen beeinflusst, egal wie weit sie voneinander entfernt sind. Es ist so, als hättest du und ein Freund identische Kartendecks, und jedes Mal, wenn du eine Karte ziehst, ändert sich die oberste Karte deines Freundes sofort, um mit deiner übereinzustimmen – selbst wenn sie meilenweit voneinander entfernt sind. Dieses bizarre, aber verifizierte Phänomen ermöglicht es Quantencomputern, komplexe Berechnungen durchzuführen, die klassische Computer nicht einmal ansatzweise bewältigen können.

Trotzdem dürfen wir die enormen Herausforderungen auf unserem Weg nicht übersehen. Qubits sind die Divas der Computerwelt und benötigen unglaublich stabile Umgebungen nahe dem absoluten Nullpunkt, um korrekt zu funktionieren. Die kleinste Störung, und sie verlieren ihre „Quanteneigenschaften" und werden so alltäglich wie klassische Bits. Wenn wir das Quantencomputing zur Realität machen wollen, müssen wir immense technische und logistische Herausforderungen überwinden. Wenn wir diese Hürden überwinden – und es ist eine Frage des Wann, nicht des Ob – werden die Auswirkungen monumental sein. Stellen Sie sich vor, die Entdeckung von Medikamenten zu beschleunigen oder Lernalgorithmen für Maschinen drastisch zu verbessern. Doch jede Medaille hat ihre Kehrseite. Quantencomputing könnte potenziell jede derzeit verwendete Verschlüsselungsmethode brechen und damit eine neue Ära von Cybersicherheitsbedrohungen und ethischen Dilemmas einläuten.

Das Rennen ist eröffnet. Technologiegiganten und agile Startups konkurrieren darum, den ersten skalierbaren, effizienten Quantencomputer zu erschaffen. Universitäten bilden die nächste Generation von Quantenprogrammierern aus und bereiten sie auf Herausforderungen und Chancen vor, die wir uns heute kaum vorstellen können.
Quantencomputing ist nicht nur ein neues Gerät oder ein schnellerer Prozessor; es ist ein Paradigmenwechsel, der wahrscheinlich unsere Sicht auf das Universum und unseren Platz darin verändern wird.
Wir haben hier nur an der Oberfläche gekratzt. Es gibt so viel mehr zu ergründen, von den Details der Quantenalgorithmen bis hin zu ethischen Bedenken und sogar potenziellen gesellschaftlichen Veränderungen, die durch das Quantencomputing entstehen könnten. Während wir auf dieser Reise fortschreiten, werden wir diese Themen und mehr in Kapitel 9 ausführlicher besprechen. Also schnallen Sie sich an. Sie sind auf einer geistverwirrenden Fahrt in die Zukunft des Computings und vielleicht sogar in die Zukunft der Realität selbst.

Quanten-Teleportation

Erinnern Sie sich an die Szenen in „Star Trek", in denen Captain Kirk ruft: „Beam mich hoch, Scotty!", und in einem Augenblick von einem Ort zum anderen teleportiert wird? So unglaublich es klingt, etwas ähnlich Unheimliches passiert in der realen Welt – nur reden wir noch nicht von Menschen. Wir sprechen über Quantenpartikel. Quantenteleportation ist nicht länger auf das Reich der Spekulationen oder theoretischen Physik beschränkt; sie ist eine Realität, die in Laboren weltweit erforscht wird. Und obwohl es nicht darum geht, Materie physisch zu transportieren, ist das, was sie leisten kann, dennoch atemberaubend.

Nicht Magie, sondern Verschränkung

Was ist also Quantenteleportation? Räumen wir gleich zu Beginn ein Missverständnis aus dem Weg: Es geht nicht darum, wie ein Zauberer zu verschwinden und woanders wieder aufzutauchen oder physische Objekte durch den Raum zu teleportieren. Quantenteleportation ist ein einzigartiger Prozess, der die Übertragung von Quanteninformationen zwischen Partikeln, speziell Qubits, durch ein Phänomen namens Verschränkung beinhaltet.
Um das Konzept der Verschränkung besser zu verstehen, betrachten Sie das Beispiel zweier verschränkter Partikel als ein Paar magischer Würfel. Stellen Sie sich vor, dass, wenn man einen Würfel wirft, immer das gleiche Ergebnis auf dem anderen erhält, egal wie weit sie voneinander entfernt sind. Wenn Qubits verschränkt sind, werden ihre Zustände auf ähnliche Weise verknüpft, so dass Änderungen im Zustand eines Qubits sofort den Zustand des anderen beeinflussen.

Wie funktioniert es?

Nehmen wir an, Alice und Bob sind zwei Physiker in verschiedenen Laboren. Alice möchte Quanteninformationen – speziell den Zustand eines Qubits – an Bob senden. Zuerst teilen sie ein Paar verschränkter Qubits. Alice nimmt dann das Qubit, das sie teleportieren möchte, und führt eine spezielle Art von Messung daran durch, zusammen mit ihrem Teil des verschränkten Paares. Das Ergebnis, das sie erhält, sagt ihr nicht viel über die einzelnen Zustände der Qubits, aber sie bekommt Daten, die sie dann über klassische Kanäle wie eine normale Internetverbindung an Bob sendet.
Nachdem er Alices Daten erhalten hat, führt Bob bestimmte Operationen an seinem Teil des verschränkten Paares durch, die sein Qubit auf wundersame Weise in den Zustand des ursprünglichen Qubits verwandeln, das Alice teleportieren wollte. Voilà! Die Quanteninformation wurde teleportiert.

Warum ist das eine große Sache?

Sie fragen sich vielleicht: „Nun, ist das nicht einfach ein anderer Weg, Informationen zu senden?" Das stimmt, aber bedenken Sie: In der seltsamen Welt der Quantenmechanik verändert bereits das Messen eines Quantenzustands diesen. Dies macht das Duplizieren eines Quantenzustands (ein No-Go, das als „No-Cloning-Theorem" bezeichnet wird) unmöglich. Daher kann Alice ihre Quanteninformationen nicht einfach an Bob ‚kopieren und einfügen'. Die Quantenteleportation umgeht dieses Hindernis. Sie kopiert nicht; sie überträgt den Zustand selbst.
Die Bedeutung erstreckt sich auch auf den Bereich des Quantencomputings. Quantenteleportation könnte den Grundstein für ein Quanteninternet legen – ein Netzwerk, das Quantencomputer auf der ganzen Welt miteinander verbindet und es ihnen ermöglicht, Informationen sicher und effizient auszutauschen. Dabei geht es nicht nur um ein schnelleres Internet; es ist ein Internet, das die grundlegenden Prinzipien der Quantenmechanik nutzt, um zu funktionieren, und Möglichkeiten bietet, die unsere Vorstellungskraft übersteigen.

Herausforderungen und Möglichkeiten

Dennoch ist die Quantenteleportation nicht ohne Hindernisse. Die verschränkten Partikel sind empfindlich und anfällig für Störungen. Sie zu schützen, ist eine Kunst, vergleichbar damit, eine Seifenblase zu halten, ohne dass sie platzt. Und dann gibt es noch die Frage der Entfernung; je weiter die Partikel voneinander entfernt sind, desto anfälliger wird die Verschränkung.

Aber trotz dieser Hindernisse sind die potenziellen Vorteile zu verlockend, um sie zu ignorieren. Neben der Ermöglichung eines Quanteninternets könnte erfolgreiche Teleportation zu Fortschritten in der Kryptografie, sicherer Kommunikation und sogar in der Grundlagenforschung der Physik beitragen. Man könnte es sich vorstellen, als hätte man unknackbare Codes oder baue Netzwerke, die unglaublich effizient und sicher sind.

Bis jetzt befindet sich die Quantenteleportation noch im experimentellen Stadium. Forschern ist es gelungen, Quanteninformationen über mehrere Kilometer zu teleportieren, aber wir sind noch nicht an einem Punkt angelangt, an dem dies allgemein angewandt werden kann. Die Experimente und Durchbrüche, die wir bisher gesehen haben, sind jedoch ein Vorspiel zu einem neuen Kapitel in der Wissenschaft, das Kommunikation und Berechnung revolutionieren könnte.
Quantenteleportation geht nicht nur darum, Barrieren in der Technologie zu durchbrechen; sie definiert unser Verständnis der Natur von Informationen und Realität neu. Sie fordert unsere Intuition heraus und verändert die Leinwand dessen, was wir für möglich halten, und bringt uns einen Schritt näher an eine Zukunft, in der die Grenze zwischen Science-Fiction und Wissenschaftsfakten zunehmend verschwimmt.

Also, das nächste Mal, wenn Sie „Beam mich hoch, Scotty" hören, denken Sie daran: Was einst Stoff fantasievoller Geschichtenerzählung war, wird jetzt in den Gleichungen und Experimenten von Quantenphysikern auf der ganzen Welt geschrieben. Und das, liebe Leser, ist nichts weniger als magisch – auch wenn es keine Magie ist.

Jenseits von Heute

Auch wenn wir noch weit davon entfernt sind, Quantencomputer auf unseren Schreibtischen zu haben oder zur Arbeit zu teleportieren, beschleunigen sich die Fortschritte in diesen Bereichen. Technologieunternehmen und Regierungen investieren viel Geld in die Forschung, wohl wissend, dass derjenige, der den Quantencode als Erster knackt, einen beispiellosen Vorteil in verschiedenen Bereichen haben wird. Also, wenn jemand Quantenverschränkung anspricht, denke daran, dass es nicht nur ein kluges Konzept für Physiker zum Nachdenken ist. Es ist etwas, das ein großer Teil unserer Zukunft sein könnte, und das die Art und Weise, wie wir rechnen, kommunizieren und vielleicht sogar unser Verständnis für das Gewebe der Realität selbst neu definieren könnte.

Zum Abschluss dieses Abschnitts sind die praktischen Anwendungen der Quantenverschränkung ebenso aufregend wie geistverbiegend. Genau wie die ersten Computer Wege eröffneten, die wir uns nicht hätten vorstellen können, liegt das volle Potenzial verschränkter Systeme wahrscheinlich jenseits dessen, was wir uns derzeit vorstellen können. Es ist, als stünden wir am Ufer eines riesigen Ozeans der Möglichkeiten, und wir haben gerade erst unsere Zehen ins Wasser getaucht.

Anwendungen in der realen Welt - Quantenschlüsselverteilung und Verschlüsselung

Haben Sie schon einmal darüber nachgedacht, wie Sie Ihre persönlichen Geheimnisse, wie besondere Fotos oder dein Tagebuch, an einem sicheren Ort aufbewahren, wo niemand anders Zugang hat? Nun, in der digitalen Welt ist es genauso wichtig, Ihre persönlichen Sachen wie Passwörter und private Gespräche sicher zu halten. Hier kommen Quantenschlüsselverteilung (QKD) und Verschlüsselung ins Spiel. Stellen Sie es sich vor als das stärkste Schloss und den stärksten Schlüssel, die man im Internet verwenden kann, sozusagen wie ein Superheldenduo in der Welt der Online-Sicherheit.

Quantenschlüsselverteilung klingt vielleicht etwas technisch, ist aber im Grunde eine Methode, um super-sichere 'Schlüssel' zwischen zwei Personen zu senden, die privat kommunizieren möchten. Stellen Sie sich vor, Sie und Ihr bester Freund wollen Geheimnisse teilen. Sie würden diese Geheimnisse wahrscheinlich in einer speziellen Box verschließen und einen Schlüssel teilen, der sie öffnen kann. In digitaler Hinsicht macht QKD genau das, aber auf eine Weise, dass, wenn jemand versucht, den geheimen Schlüssel abzuhören, sich der Schlüssel selbst ändert und euch vor dem Eindringen warnt. Es ist fast wie eine Falle für potenzielle Lauscher.

Quantenverschlüsselung geht Hand in Hand mit QKD. Stellen Sie sich Verschlüsselung als eine geheime Sprache vor, die nur Sie und der vorgesehene Empfänger verstehen können. Aber anstatt eine Sprache zu sein, die Sie gelernt haben, ist es eine Sprache, die von einem Schlüssel erschaffen wird, den Sie beide teilen. Selbst wenn also jemand deine verschlüsselte Nachricht abfängt, könnte er sie ohne den Quantenschlüssel, der durch QKD geschützt ist, nicht verstehen. Das ist nicht nur eine ausgeklügelte Art, geheime Nachrichten zu senden; es ist eine Art, die Sicherheit in der digitalen Kommunikation neu zu definieren.

Sie fragen sich vielleicht, wo all dieses Quantengefasel im wirklichen Leben verwendet wird. Tatsächlich beginnt es, an Orten implementiert zu werden, an denen maximale Sicherheit erforderlich ist – wie bei Banken und Regierungsstellen. Stellen Sie sich vor, Sie müssten sich keine Sorgen mehr darüber machen, dass Ihr Bankkonto gehackt wird, weil die Bank Quantenverschlüsselung verwendet. Es bricht eine neue Ära sicherer Kommunikation und Datenspeicherung an, die gerade erst beginnt, sich zu entfalten.

Aber vergessen wir nicht, wir sind noch nicht so weit. Quantenpartikel, die Bausteine dieser Technologie, sind extrem empfindlich. Stellen Sie sich vor, Sie versuchen, ein Kartenhaus während eines Sturms zu bauen; so empfindlich sind sie. Also haben wir noch einen langen Weg vor uns, bevor Quantenverschlüsselung und QKD alltäglich werden. Wir sprechen von spezialisierter Hardware, komplizierten Berechnungen und Bedingungen, die schwer aufrechtzuerhalten sind. Das ist nichts, was man so bald in deinem örtlichen Best Buy finden wird.

Wenn wir in die Zukunft blicken, ist es wahrscheinlich, dass unsere derzeitigen Methoden der Datenverschlüsselung mit der Reife der Quantencomputertechnologie immer weniger sicher und sogar veraltet werden. Deshalb gibt es so einen Drang, Quantenverschlüsselung und QKD marktreif zu machen. Forscher tüfteln ständig, um die Technologie stabiler, effizienter und benutzerfreundlicher zu machen. Wir stehen am Anfang von etwas, das unsere Vorstellung von Cybersicherheit völlig verändern könnte.

Am Ende ist die Geschichte von Quantenverschlüsselung und Schlüsselverteilung noch im Entstehen. Eines ist jedoch sicher; wir befinden uns an der Spitze einer neuen Grenze, um unser digitales Leben sicher zu halten. Das mag wie etwas aus der Zukunft oder einem Science-Fiction-Roman klingen, aber es ist real und entfaltet sich gerade jetzt, mit dem Versprechen, die Online-Sicherheit auf Arten neu zu definieren, die wir uns noch gar nicht vollständig vorstellen können.

Die Grenzen der Verschränkung – was wir (noch) nicht tun können

Gut, reden wir über Grenzen. Wir alle sind von den scheinbar magischen Kräften der Quantenverschränkung beeindruckt. Sie erinnern sich, die Idee, dass zwei Partikel so verbunden sein können, dass sie sich sofort beeinflussen können, egal, wie weit sie voneinander entfernt sind? Ja, genau die. Es klingt wie aus einem Superhelden-Comic, aber es ist ein grundlegendes Prinzip in der Wissenschaft der Quantenmechanik. Doch wie Superhelden ihr Kryptonit haben, so hat auch die Verschränkung ihre Einschränkungen.

Bisher haben wir darüber gesprochen, wie dieses Konzept das Computing, die sichere Kommunikation und mehr revolutionieren könnte. Sie könnten sogar anfangen zu denken, dass mit Verschränkung alles möglich ist. Teleportation? Zeitreisen? Gedankenlesen? Bremsen Sie Ihre Begeisterung; so ist es nicht ganz. Nein, wir sind noch nicht an dem Punkt, an dem Sie sich selbst oder Ihr Mittagessen in einem Nanosekundenbruchteil auf die andere Seite der Welt schicken können. Wir können nicht einmal eine einfache Nachricht allein durch Verschränkung senden. Ich weiß, enttäuschend.

Hier ist die Sache mit verschränkten Partikeln: Sie sind wie perfekt synchronisierte Tänzer in einem Ballett. Wenn einer eine Pirouette macht, macht der andere es auch, sofort. Aber sie tauschen keine 'Informationen' auf die Art und Weise aus, wie wir es verstehen. Wenn man den Zustand eines verschränkten Teilchens ändert, reagiert sein Partner entsprechend, aber man kann nicht steuern, wie diese Reaktion ausfallen wird. Die Partikel sind eher wie Spiegelbilder und nicht wie Kommunikatoren. Deshalb kann man bis jetzt keine Nachrichten oder Informationen allein durch verschränkte Partikel senden; dafür benötigt man einen guten alten klassischen Kanal.
Und dann ist da noch das Problem, verschränkte Partikel verschränkt zu halten. Diese Partikel sind empfindlich, sensibel für so ziemlich alles in ihrer Umgebung. Wir sprechen von einer Empfindlichkeit, bei der sie nicht einmal ein Pokerface bewahren können, wenn sie jemand nur falsch ansieht. Okay, das ist übertrieben, aber Sie verstehen, was ich meine. Die kleinste Umweltveränderung kann die Verschränkung brechen. Wissenschaftler nennen das "Dekohärenz", und ihre Überwindung ist eine der größten Herausforderungen für die praktische Anwendung der Verschränkung.

Und was ist mit dem Erzeugen und Aufrechterhalten der Verschränkung über lange Distanzen? Das ist ein ganz anderes Problem. Sicher, wir haben es geschafft, Partikel über einige hundert Kilometer zu verschränken, aber es über Tausende oder Millionen Kilometer zu tun, stellt monumentale Herausforderungen dar. Haben Sie schon mal versucht, ein Radiosignal zu bekommen, wenn Sie weit von der Station entfernt waren? Es beginnt rauschend zu werden und verblasst, oder? Ähnlich wird es schwieriger, die Verbindung der verschränkten Partikel aufrechtzuerhalten, je weiter sie voneinander entfernt sind. Es gibt laufende Forschungen, um dies zu überwinden, aber bis jetzt hat die 'Fernwirkung' ihre Entfernungsgrenzen.

Was bedeutet das also für die Zukunft der Verschränkung und Quantentechnologien? Obwohl die Einschränkungen entmutigend scheinen mögen, sind sie eher wie Rätsel, die darauf warten, gelöst zu werden. Stell dir vor, jemand hätte den Gebrüdern Wright gesagt, dass Menschen nicht fliegen können; wir wissen, wie diese Geschichte ausgegangen ist. Unser Verständnis von Verschränkung und ihren Grenzen entwickelt sich, und es besteht eine gute Chance, dass das, was wir heute für unmöglich halten, morgen die nächste große Schlagzeile in der Wissenschaft sein könnte. Schließlich hat jede Grenze ihre wilden, unerforschten Territorien, und in der Landschaft der Quantenmechanik gibt es noch viel mehr zu entdecken, als wir derzeit verstehen.
Wie funktioniert das?

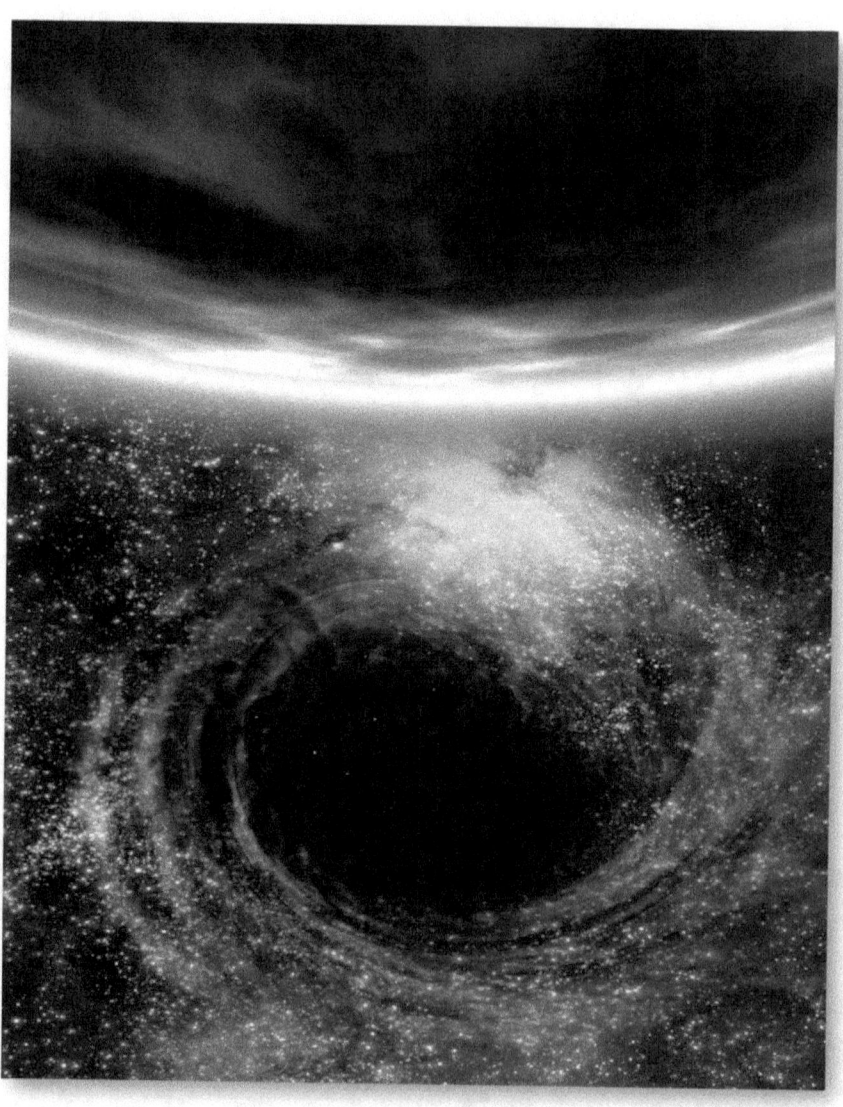

Quanten-Tunneling: Die Überwindung klassischer Grenzen

Die unmögliche Reise durch Barrieren

Okay, schnallen Sie sich an, denn jetzt tauchen wir in ein weiteres verblüffendes Merkmal der Quantenmechanik ein: den Quantentunnel. Das ist die Art von Phänomen, die Quantenphysik wie Magie erscheinen lässt, aber keine Sorge, dahinter steckt echte Wissenschaft, versprochen. Stellen Sie sich das vor – Sie werfen einen Ball gegen eine Wand, was passiert? Er prallt zurück, richtig? In der Quantenwelt besteht eine geringe Chance, dass der Ball tatsächlich durch die Wand gehen könnte, als wäre er eine Art Geist. Nein, das ist kein Scherz.
In der klassischen Physik – die, die man in der Schule lernt – hat der Ball keine Chance. Die Wand ist eine Barriere, die der Ball nicht durchdringen kann. Es ist, als würde man versuchen, durch eine Ziegelmauer zu gehen; das geht einfach nicht. Aber die Quantenmechanik spielt nach einem anderen Regelwerk. Hier haben Partikel wie Elektronen etwas, das man Wellenfunktion nennt, die im Grunde genommen mathematische Beschreibungen davon sind, wo ein Partikel zu einem bestimmten Zeitpunkt wahrscheinlich sein wird.

Diese Wellenfunktionen haben eine einzigartige Eigenschaft – sie enden nicht abrupt, wenn sie auf eine Barriere treffen. Sie 'laufen aus', was bedeutet, dass es eine winzige, aber nicht null Chance gibt, dass das Partikel auf der anderen Seite der Barriere sein könnte. Das führt zum Quantentunneln. Es ist, als würde das Universum sagen: „Hey, ich weiß, das klingt verrückt, aber lass uns mal sehen, was passiert, wenn du einfach durchgehst."
Wie wissen wir also, dass das nicht nur theoretischer Unsinn ist? Nun, es wurde in verschiedenen Experimenten beobachtet. Tatsächlich ist das Tunneln essentiell für die Funktionsweise einiger elektronischer Komponenten wie Tunnel-Dioden. Das ist nicht nur „wir denken, es könnte passieren"-Wissenschaft; das ist „wir haben auf dieser Grundlage Zeug gebaut"-Wissenschaft.
Sie fragen sich vielleicht, warum nicht alles einfach durch Barrieren tunneln kann, wenn das wirklich möglich ist? Nun, die Wahrscheinlichkeit des Tunnelns hängt von einigen Faktoren ab, wie der Dicke der Barriere und der Energie des Teilchens, das versucht, sie zu durchdringen. Je dicker und undurchdringlicher die Barriere ist, desto unwahrscheinlicher ist das Tunneln. In unserer alltäglichen Welt sind die Barrieren normalerweise so groß und die Energien so niedrig, dass das Tunneln praktisch unmöglich ist. Es ist, als hätte das Universum die Wahrscheinlichkeiten so hoch angesetzt, dass es kaum je vorkommt, aber wenn es passiert, ist es nichts weniger als erstaunlich.

Jetzt fragen Sie sich vielleicht, warum sollte man sich für das Tunneln interessieren? Was ist daran so besonders? Neben dem coolen Faktor hat es einige sehr reale Anwendungen und Auswirkungen. Zum Beispiel ist das Verständnis des Tunnelns entscheidend in den Bereichen Halbleiter und Nanotechnologie. Ohne es könnten wir einige der kleinen, effizienten elektronischen Geräte, die ein fester Bestandteil des modernen Lebens sind, nicht herstellen.

Aber bevor Sie sich zu sehr mit einer Zukunft tragen, in der wir alle einfach durch Wände und Hindernisse tunneln, vergessen wir nicht, dass es Grenzen gibt. Tunneln ist probabilistisch, das heißt, es geht um Chancen und Wahrscheinlichkeiten. Also werden Sie selbst in der Quantenwelt keinen Elefanten sehen, der spontan durch einen Berg tunneln kann. Die Wahrscheinlichkeit nimmt exponentiell mit Masse und Barrierenbreite ab, sodass für alles, was größer als winzige Partikel ist, die Chancen so astronomisch niedrig sind, dass man sicher sagen kann, dass es nicht passieren wird.

Und lassen wir eines nicht außer Acht – nur weil Partikel durch Barrieren tunneln können, bedeutet das nicht, dass sie andere Gesetze der Physik außer Kraft setzen können. Sie brechen keine Geschwindigkeitsbegrenzungen und reisen auch nicht in der Zeit zurück. Sie spielen im Grunde genommen nach den Regeln, nur nicht nach denen, die uns am vertrautesten sind.

Kurz gesagt, Quantentunneln ist ein weiteres Beispiel dafür, wie viel bizarrer und interessanter die mikroskopische Welt ist, als unsere alltäglichen Erfahrungen vermuten lassen. Es fordert unser Verständnis dessen heraus, was möglich ist, und bietet verlockende Einblicke in noch kommende Technologien und Entdeckungen. Wenn Sie also das nächste Mal das Gefühl haben, in Ihrem Leben gegen eine Wand zu laufen, denken Sie daran – in der Quantenwelt könnte es durchaus einen Weg durch diese Wand geben.

Praktische Anwendungen: Flash-Speicher und Rastertunnelmikroskope

Okay, wir haben viel über die 'unmögliche Reise' von Partikeln gesprochen, die Barrieren überwinden. Sie fragen sich vielleicht: „Ist das nur theoretisch, oder gibt es auch eine praktische Seite an all dieser Quantenkuriosität?" Gute Frage! Es stellt sich heraus, dass diese ‚spukhafte Aktion' – oder Quantentunneln, wie Wissenschaftler es gerne nennen – tatsächlich in Dingen vorkommt, die wir jeden Tag benutzen. Lassen Sie uns das näher betrachten.

Erinnern Sie sich an den Flash-Speicher? Ja, der Speicher in Ihren USB-Laufwerken, Speicherkarten und sogar im Smartphone. Quantentunneln ist sozusagen die geheime Zutat im Flash-Speicher. Wenn Daten geschrieben oder gelöscht werden müssen, wird eine Ladung durch eine isolierende Barriere in der Speicherzelle getunnelt. Dadurch werden Daten gespeichert oder gelöscht. Einfach ausgedrückt, ermöglicht das Tunneln das Speichern und Entfernen von Daten, sodass Sie Ihre Lieblingsbilder, Lieder oder Memes speichern können. Es geht hier nicht nur darum, Geräte kompakter oder schneller zu machen; es ist eine grundlegende Technologie. Ohne Quantentunneln würde Flash-Speicher nicht so funktionieren, wie er es tut, und wir würden wahrscheinlich immer noch klobige Speichergeräte herumschleppen.

Wechseln wir mal ein wenig das Thema und sprechen über etwas, das direkt aus einem Sci-Fi-Film zu stammen scheint: das Rastertunnelmikroskop (STM). Das STM nutzt das Quantentunneln, um Bilder auf atomarer Ebene zu erzeugen. Wir sprechen hier davon, tatsächlich einzelne Atome ‚zu sehen'! Das ist eine große Sache für Wissenschaftler. Es hat Türen für die Nanotechnologie geöffnet, ein Bereich, der alles von der Medizin bis zur Materialwissenschaft revolutionieren soll. Stell dir vor, Materialien Atom für Atom zu bauen oder zu verstehen, wie Krankheiten auf einer so winzigen Ebene entstehen, dass es fast unvorstellbar ist. Das ist das Potenzial, das wir hier betrachten.

So funktioniert es. Wenn Sie eine scharfe Metallspitze in die Nähe einer zu untersuchenden Oberfläche bringen, würden Sie erwarten, dass nichts passiert, es sei denn, sie berühren sich tatsächlich, oder? Aber dank des Quantentunnelns können Elektronen von der Oberfläche zur Spitze ‚springen', selbst wenn sie sich nicht berühren. Dieser Tunnelstrom ändert sich, wenn sich die Spitze über die Oberfläche bewegt. Indem man diese Veränderungen misst, kann das Rastertunnelmikroskop (STM) die Oberfläche bis auf die atomare Ebene abbilden.
Besonders verblüffend ist, dass STMs nicht nur Atome beobachten, sondern sie auch manipulieren können. Stellen Sie sich das vor wie ein mikroskopisches Schachspiel, bei dem Atome bewegt werden, um neue Strukturen zu formen. Die Möglichkeiten sind nahezu grenzenlos.
Auch in der Medizin gibt es Diskussionen über die Rolle des Tunnelns. Forscher fragen sich, ob Tunneln in biologischen Systemen wie Enzymen, die chemische Reaktionen in unserem Körper beschleunigen, passieren könnte. Wenn ja, könnte dies neue Wege für die Medikamentenentwicklung bieten und ein tieferes Verständnis von Krankheiten auf molekularer Ebene ermöglichen. Es ist jedoch wichtig zu beachten, dass dies immer noch ein sehr junges und spekulatives Forschungsgebiet ist.

So, da haben Sie es. Vom USB-Stick in Ihrer Tasche bis hin zur Möglichkeit, Materie auf atomarer Ebene neu zu ordnen, ist Quantentunneln nicht nur ein schrulliges Phänomen, das auf theoretische Physikbücher beschränkt ist. Es ist real, es passiert, und es verändert, wie wir die Welt in großen und kleinen Weisen sehen und mit ihr interagieren. Es ist, als hätte das Universum uns Ostereier hinterlassen, verborgen, aber einflussreich und beeinflusst sogar die Technologie, die wir jeden Tag als selbstverständlich betrachten. Ist es nicht erstaunlich zu denken, dass etwas so ‚abgehobenes' wie Quantentunneln so handfeste Auswirkungen hat?

Bedeutung für den Anfang des Universums

Gut, wechseln wir für einen Moment vom Praktischen zum Kosmischen. Vielleicht sitzen Sie da, immer noch erstaunt darüber, wie Quantentunneln unseren Alltag beeinflusst, aber halten Sie sich fest, denn es könnte auch etwas mit dem allerersten Beginn des Universums selbst zu tun haben! Ja, die Geschichte wird größer und noch unglaublicher.

Sie haben vielleicht vom Urknall gehört, der Idee, dass das Universum aus einem singulären Punkt entstanden ist. Aber haben Sie sich jemals gefragt, was ihn überhaupt „knallen" ließ? Hier kommt die Möglichkeit des Quantentunnelns ins Spiel. Einige Theoretiker denken, dass das Universum aus einem Zustand des, nun ja, Nichts in die Existenz getunnelt sein könnte.
Klingt verrückt, oder? Aber wenn wir darüber nachdenken, befinden wir uns im Bereich der Quantenmechanik, wo verrückt das neue Normal ist. Die Idee ist, dass es eine Art Quantenfluktuation gab – so etwas wie ein winziges Wackeln –, das es dem Universum ermöglichte, ins Dasein zu kommen. Es ist fast so, als hätte das Universum selbst die ‚Barriere' der Nichtexistenz überlistet und kam so in die Existenz.

Das sind jetzt nicht nur fantasievolle Tagträumereien von Physikern; es gibt einige Gleichungen, die das unterstützen. Die Mathematik der Quantenmechanik kann beschreiben, wie ein Quantensystem durch eine Energiebarriere tunneln kann, die nach klassischer Physik unüberwindbar sein sollte. So könnte das Universum in gewisser Weise das ultimative Beispiel für Quantentunneln sein und die klassischen Regeln brechen, um ins Dasein zu kommen.
Es handelt sich hierbei nicht nur um ein akademisches Rätsel; es könnte grundlegend verändern, wie wir Zeit, Existenz und die Gesetze der Physik selbst verstehen. Wenn Tunneln ein ganzes Universum in Gang setzen könnte, was sagt das dann über unser Verständnis von Schöpfung aus? Könnte es mehrere Universen geben, jedes hervorgebracht durch seinen eigenen Akt des Quantentunnelns? Die Möglichkeiten dehnen unsere Vorstellungskraft bis an ihre Grenzen, und selbst dann kratzen wir wahrscheinlich nur an der Oberfläche.

Es ist erwähnenswert, dass all dies noch immer Gegenstand laufender Forschung und Diskussion ist. Physiker haben noch keinen Konsens darüber erreicht, und es muss noch viel Arbeit geleistet werden, um diese Theorien zu festigen. Einige Wissenschaftler argumentieren, dass die Anwendung der Quantenmechanik auf das gesamte Universum die Theorie vielleicht zu weit von ihren Wurzeln entfernt, die hauptsächlich mit der Welt in sehr kleinen Maßstäben zu tun haben.

Aber allein die Möglichkeit, das bloße Flüstern, dass Quantentunneln Auswirkungen auf den Ursprung von allem, was wir kennen, haben könnte, ist atemberaubend. Es stellt unsere Vorstellungen von Ursache und Wirkung auf den Kopf und führt ein Maß an Zufälligkeit und Wahrscheinlichkeit in das sehr Gewebe der Existenz ein. Und ob Quantentunneln nun eine Rolle bei der Geburt des Universums gespielt hat oder nicht, die Betrachtung dieses Konzepts hilft uns zu verstehen, dass das Universum weit seltsamer und faszinierender ist, als wir uns jemals hätten vorstellen können.

Also, das nächste Mal, wenn Sie Ihren USB-Stick benutzen oder sich über unglaubliche mikroskopische Bilder wundern, denken Sie daran, dass das Phänomen, das diese Dinge möglich macht, auch für die Existenz des Universums selbst verantwortlich sein könnte. Wie umwerfend ist diese Verbindung?

Schrödingers Katze und Quanteninterpretationen

Das Paradoxon der Katze: Tot und lebendig

Wenn es darum geht, die Geheimnisse und Paradoxa der Quantenmechanik zu erklären, sind wenige Gedankenexperimente so berühmt wie Schrödingers Katze. Denken Sie daran als eine Geschichte, einen Faden, der nicht am Lagerfeuer, sondern in den Tiefen des Geistes eines Physikers gesponnen wird. Erwin Schrödinger, ein österreichischer Physiker, erfand dieses Szenario, um zu zeigen, wie bizarr und kontraintuitiv die Welt der Quantenmechanik sein kann.

Stellen Sie sich eine Katze vor, die in einer Box versiegelt ist. In der Box befinden sich auch ein radioaktives Atom, ein Geigerzähler zur Strahlungsdetektion, eine Phiole Gift und ein Hammer. Die Vorrichtung ist so konzipiert, dass, wenn der Geigerzähler Strahlung erkennt – den Zerfall des radioaktiven Atoms –, er den Hammer freisetzt, der die Phiole zerschlägt und das Gift freisetzt, wodurch die Katze stirbt. Andererseits, wenn keine Strahlung erkannt wird, bleibt die Katze am Leben. Das klingt morbide, aber bleiben Sie dran; es geht eigentlich nicht um die Katze, wie Sie sehen werden.

Hier wird es verworren. Laut Quantenmechanik befindet sich das radioaktive Atom in einer Überlagerung – sowohl zerfallen als auch nicht zerfallen –, bis es jemand beobachtet. Das bedeutet, dass unser Katzenfreund auch in einer Überlagerung ist – sowohl tot als auch lebendig –, bis die Box geöffnet und eine Beobachtung gemacht wird. In diesem Moment kollabiert die Überlagerung zu einer von zwei Möglichkeiten: Die Katze ist entweder lebendig oder tot. Das Betrachten, so scheint es, bestimmt das Schicksal der Katze.
Sie fragen sich vielleicht: "Warum ist das überhaupt wichtig?" Es ist mehr als nur ein interessantes Rätsel. Das Gedankenexperiment von Schrödingers Katze zwingt uns, unser Verständnis von Realität selbst zu hinterfragen. Existiert etwas in einem bestimmten Zustand nur, weil wir es beobachten? Oder gibt es eine zugrundeliegende 'Wahrheit', die unabhängig davon existiert, ob wir hinschauen? Das bringt uns zum Kern dessen, was als das 'Messproblem' in der Quantenmechanik bekannt ist. Eine Reihe von philosophischen Diskussionen hat dieses Gedankenexperiment hervorgerufen. Einige Leute argumentieren, dass die Katze tatsächlich sowohl tot als auch lebendig ist, bis sie beobachtet wird, was als die Kopenhagener Interpretation bekannt ist. Es ist, als würde das Universum den Atem anhalten, wartend darauf, dass jemand in die Box schaut und die Mehrdeutigkeit auflöst. Andere gehen einen anderen Weg. Sie schlagen vor, dass jedes mögliche Ergebnis tatsächlich eintritt, aber in getrennten, parallelen Universen. Das ist als die Viele-Welten-Interpretation bekannt und legt nahe, dass es ein Universum gibt, in dem die Katze lebt, und ein anderes, in dem sie tot ist.

Menschen ziehen auch spirituelle und metaphysische Schlussfolgerungen aus dem Paradoxon. Einige sehen es als Beleg für die Bedeutung des Bewusstseins bei der Gestaltung der Realität. Andere betrachten es als Hinweis auf ein Universum, das weit weniger deterministisch, weit chaotischer ist, als es die klassische Physik je vermuten ließ. Und vergessen wir nicht diejenigen, die Schrödingers Katze nutzen, um ethische und moralische Fragen zu erforschen, wie die Natur der Grausamkeit und die Verantwortlichkeiten, die wir haben, wenn wir so mächtiges wissenschaftliches Wissen einsetzen.

Obwohl Schrödinger das Gedankenexperiment ursprünglich als Kritik entwarf, um die Absurdität der Quantenmechanik aufzuzeigen, hat der daraus entstandene Dialog etwas ganz anderes bewirkt. Es öffnete eine Büchse der Pandora mit Fragen, Theorien und Interpretationen, mit denen sich Physiker, Philosophen und sogar Gelegenheitswissenschaftsbegeisterte heute auseinandersetzen. Weit davon entfernt, die Quantentheorie zu verwerfen, ist Schrödingers Katze zu ihrem Symbol, ihrer Allegorie, einer Verkörperung der rätselhaften Welt unter der Oberfläche der alltäglichen Realität geworden.

Also, wenn Sie das nächste Mal hören, dass jemand in einer zwanglosen Unterhaltung oder einer hitzigen Debatte Schrödingers Katze erwähnt, denken Sie daran, dass es nicht nur um eine Katze in einer Box geht. Es geht um die Fragen, die keine einfachen Antworten haben, und um das Universum, das sich nicht festnageln lässt. Ob Sie das aufregend oder frustrierend findesn, eines ist sicher: Es gibt uns allen etwas ziemlich Faszinierendes zum Nachdenken.

Viele Welten, Verborgene Variablen und Pilot-Wellen

Wenn es um die Erklärung der Quantenmechanik geht, gibt es selten eine Antwort, die für alles passt. Das Universum scheint es abzulehnen, so unkompliziert zu sein. Deshalb haben Wissenschaftler im Laufe der Jahre verschiedene Interpretationen oder Wege entwickelt, um zu verstehen, was uns die Quantenmechanik sagt. Wenn Schrödingers Katze Sie verwirrt, dann willkommen im Klub! Sogar Physiker können sich nicht auf eine Erklärung einigen. Lassen Sie uns einige der meistdiskutierten Interpretationen erkunden, die über die berühmt-berüchtigte Katze in der Box hinausgehen.

Viele-Welten-Interpretation

Stellen Sie sich das vor: Jede Entscheidung, die Sie treffen, jedes zufällige Ereignis, bringt eine Vielzahl von parallelen Universen hervor. In einem haben Sie zum Frühstück Müsli gegessen, in einem anderen haben Sie das Frühstück ganz ausgelassen. Jedes potentielle Ergebnis eines Quantenereignisses erzeugt einen neuen ‚Ast' der Realität. Im Fall von Schrödingers Katze bedeutet dies, dass es ein Universum gibt, in dem die Katze lebt, und ein anderes, in dem sie nicht so viel Glück hat.

Das ist die Viele-Welten-Interpretation in Kürze. Sie umgeht das Messproblem, indem sie vorschlägt, dass alle Möglichkeiten real sind und in getrennten Universen stattfinden. Klingt nach Science-Fiction, richtig? Aber das ist nicht nur Stoff für Filme oder Comics. Einige sehr seriöse Physiker nehmen diese Interpretation ernst, weil sie viele der Paradoxa und Seltsamkeiten, die mit der Quantenmechanik verbunden sind, ordentlich löst. Es wirft jedoch Fragen über die Natur der Realität und unseren Platz darin auf. Sind wir nur ein Ast in einem unendlichen kosmischen Baum? Unergründlich, darüber nachzudenken.

Verborgene Variablen

Dann kommt die Theorie der 'Verborgenen Variablen'. Diese besagt: "Moment mal. Vielleicht haben wir noch nicht das ganze Bild." Nach dieser Interpretation existiert die Seltsamkeit in der Quantenmechanik, weil uns einige 'verborgene' Informationen fehlen. Wenn wir alle Variablen hätten, so die Überlegung, würde alles Sinn ergeben, und die Welt würde zu dem vorhersehbaren, billardkugelähnlichen System zurückkehren, wie es in der klassischen Physik beschrieben wird.
Diese Idee war bei Wissenschaftlern beliebt, die sich mit der 'Spukhaftigkeit' der Quantenmechanik unwohl fühlten. Einer ihrer berühmten Befürworter war Albert Einstein, der kein Fan davon war, wie die Quantenmechanik den Determinismus scheinbar über Bord warf. Er sagte berühmt: "Gott würfelt nicht mit dem Universum." Dennoch haben Experimente, die verborgene Variablentheorien testeten, weitgehend die 'spukhafte' quantenmechanische Sichtweise unterstützt und die Idee herausgefordert, dass verborgene Variablen alles erklären können.

Pilot-Wellen

Zu guter Letzt sprechen wir über Pilot-Wellen oder, um es beim vollen Namen zu nennen, die de Broglie-Bohm-Theorie. Dies ist eine Art Hybrid, ein Mittelweg, der versucht, in beiden Welten – der klassischen und der Quantenwelt – einen Fuß zu haben. Die Idee hier ist, dass Partikel von einer 'Pilot-Welle', einer Art Führungskraft, die ihr Verhalten beeinflusst, geleitet werden. Im Gegensatz zu den Verborgenen Variablen versucht das Pilotwellen-Konzept nicht, die Quantenseltsamkeit abzuschaffen. Stattdessen bietet es eine Möglichkeit, Quantenphänomene zu visualisieren, ähnlich einem Schiff, das von den Wellen auf einem Ozean geleitet wird.

Es ist wirklich eine schöne Idee. Doch trotz ihrer Anziehungskraft hat die Pilotwellen-Theorie nicht so viel Zuspruch wie andere Interpretationen gefunden. Ein Grund dafür ist, dass sie einen 'absoluten Bezugspunkt' erfordert, was mit den Prinzipien der Relativitätstheorie kollidiert. Das bedeutet jedoch nicht, dass sie aus dem Rennen ist; einige Forscher erforschen sie immer noch aktiv als gültigen Ansatz zum Verständnis der Quantenmechanik.

Zusammengefasst ist die Welt der Quantenmechanik wie ein kompliziertes Gewebe mit Fäden aus Paradoxa, Interpretationen und schlichtweg verwirrenden Phänomenen. Es ist ein Universum, das uns herausfordert, unsere grundlegendsten Annahmen zu hinterfragen, tiefer zu blicken und über die wahre Natur der Realität zu staunen. Diese Interpretationen, obwohl sie sich widersprechen, haben ein gemeinsames Ziel: uns zu helfen, das Unfassbare zu begreifen, Sinn aus dem scheinbar Unsinnigen zu machen. Mit dem Fortschritt der Wissenschaft, wer weiß, welche neuen Interpretationen oder Erkenntnisse ans Licht kommen werden? Bis dahin geht die Debatte weiter und befeuert unsere unersättliche Neugier auf die Welt, in der wir leben, und das Universum darüber hinaus.

Warum Interpretationen wichtig sind

Im großen Gewebe der Wissenschaft könnte man sich fragen, warum wir überhaupt Interpretationen der Quantenmechanik brauchen? Warum nicht einfach bei den Gleichungen und Vorhersagen bleiben, die für alle praktischen Zwecke hervorragend zu funktionieren scheinen? Sind Interpretationen bloß philosophische Gedankenspiele, oder haben sie eine echte Auswirkung darauf, wie wir Wissenschaft betreiben und das Universum verstehen?

Zunächst einmal sollten wir anerkennen, dass die Mathematik der Quantenmechanik sowohl leistungsstark als auch präzise ist. Ob es um das Funktionieren von Transistoren, die Eigenschaften von Materialien im Nanobereich oder das Verhalten von Atomen bei einer Hochenergiekollision geht, die Gleichungen leisten hervorragende Arbeit bei der Vorhersage von Ergebnissen. Der Erfolg hier ist beeindruckend, daran besteht kein Zweifel. Jedoch bedeutet das Verstehen des "Was" und des "Wie" nicht automatisch, dass wir auch das "Warum" verstehen, und genau hier kommen Interpretationen ins Spiel. Diese sind nicht nur akademische Übungen; sie sind integraler Bestandteil der Art und Weise, wie Wissenschaftler über Probleme nachdenken und Lösungen finden.

Betrachten wir für einen Moment die medizinische Forschung. Zu wissen, dass ein bestimmtes Medikament eine Krankheit behandelt, ist großartig, aber zu verstehen, wie es mit Zellen interagiert, kann zu effektiveren Behandlungen, vielleicht sogar zu einer Heilung führen. Ähnlich könnten Interpretationen in der Quantenmechanik Türen zu neuen Technologien oder Einsichten öffnen, die wir uns jetzt noch gar nicht vorstellen können. Was, wenn die Viele-Welten-Interpretation zu einem besseren Verständnis von Wahrscheinlichkeit auf Quantenebene führen würde, was alles von der Computertechnik bis zur Wettervorhersage beeinflussen könnte?

Dann gibt es den Aspekt der wissenschaftlichen Neugier, das Verlangen, die Schichten des Universums zurückzuziehen und einen Blick auf die Mechanismen zu werfen, die es antreiben. Ohne das Streben, das "Warum" zu verstehen, wird die Wissenschaft zu einem Werkzeug ohne leitende Hand, einem Schiff ohne Kompass. Interpretationen bieten Rahmenbedingungen, mentale Modelle, die Wissenschaftlern helfen, ihre Gedanken zu organisieren und überprüfbare Hypothesen zu entwickeln. Nehmen wir zum Beispiel die Entwicklung der Quantenkryptografie und -informatik. Interpretationen der Quantenmechanik haben die Protokolle und Algorithmen in diesen Bereichen geleitet. Das Verständnis der Verschränkung durch die Linse verschiedener Interpretationen kann zu verschiedenen Ansätzen bei der Problemlösung führen.

Und vergessen wir nicht die breiteren gesellschaftlichen Implikationen. Wie wir die grundlegende Natur der Realität interpretieren, beeinflusst, wie wir uns selbst und unseren Platz im Universum sehen. Diese Interpretationen können eine neue Generation von Denkern inspirieren. Schließlich ist das Nachdenken über die Geheimnisse der Quantenmechanik nicht nur etwas für Physiker im Laborkittel; es ist ein menschliches Unterfangen, das die Potenzial hat, Kunst, Literatur und sogar spirituelle Perspektiven zu inspirieren.

Aber lassen Sie sich nicht zu dem Eindruck verleiten, dass jede Interpretation funktioniert. Die Wissenschaft hat eine rigorose Methode, um Ideen zu testen, und jede Interpretation, die ihren Namen verdient, muss der empirischen Überprüfung standhalten. Einige Interpretationen könnten widerlegt werden, während andere verfeinert oder ersetzt werden. Aber jede trägt zum lebendigen, sich ständig weiterentwickelnden Dialog bei, der die Grenzen dessen, was wir wissen und erreichen können, erweitert.

Also, obwohl wir in einem Universum leben, in dem Teilchen in mehreren Zuständen existieren können, in dem Unsicherheit vorherrscht und in dem die Natur der Realität selbst zur Debatte steht, hält uns die Suche nach Interpretationen geerdet. Sie erinnert uns daran, dass im Kern jeder Gleichung, jeder wissenschaftlichen Theorie, die menschliche Geschichte steht, unsere Geschichte, in einem Kosmos, der nie aufhört, unsere Vorstellungskraft zu fesseln und unser Verständnis herauszufordern.

Ethische und philosophische Implikationen: Verändert die Quantenmechanik unsere Sicht auf Moralität?

In einem Bereich, in dem Teilchen in mehreren Zuständen existieren können und in dem die Beobachtung eines Systems dessen Ausgang ändern kann, könnte man versucht sein zu fragen: Was sagt all dies über die menschliche Existenz, unsere Entscheidungsfindung und sogar unser moralisches Gewebe aus? Zwingt uns die unbestimmte Natur der Quantenmechanik, unsere ethischen und philosophischen Ansichten neu zu bewerten?

Zunächst ist es wichtig zu sagen, dass die Quantenmechanik zwar eine Vielzahl faszinierender Fragen über die Realität aufwirft, aber nicht unbedingt eine direkte Anleitung zu moralischem oder ethischem Verhalten bietet. Die Gesetze, die subatomare Teilchen regieren, sind nicht die gleichen wie die Prinzipien, die menschliche Interaktionen bestimmen. Aber die Diskussionen, die aus der Quantentheorie entstehen, können sicherlich neue Rahmen bieten, um über alte Fragen des freien Willens, Determinismus und der Natur der Realität selbst nachzudenken.

Denken Sie daran, dass im Bereich des Quanten, Überlagerungen und Verschränkungen unsere alltäglichen Erfahrungen und Erwartungen trotzen. Sie dehnen unser Verständnis von "was möglich ist" aus. Beeinflusst dies, wie wir über den freien Willen denken? Einige mögen argumentieren, dass, wenn Teilchen in mehreren Zuständen existieren können, vielleicht unser Verständnis von Wahl ähnlich flexibel sein sollte, weg von einem binären "Ja-oder-Nein"-Modell. Andere könnten jedoch dagegenhalten, dass die Quantenmechanik auf einer so anderen Ebene als die menschliche Erfahrung operiert, dass Parallelen ziehen irreführend oder sogar unverantwortlich sein könnte.
Eine Denkrichtung ist, dass die probabilistische Natur der Quantenmechanik darauf hindeutet, dass das Universum von Natur aus ungewiss ist, was der Idee, dass freier Wille und Unvorhersehbarkeit grundlegende Aspekte der Realität sind, einige Glaubwürdigkeit verleihen könnte. Dies könnte für diejenigen tröstlich sein, die befürchten, dass eine deterministische Sicht des Universums keinen Raum für persönliche Handlungsfähigkeit lässt.
Aber lassen wir uns nicht mitreißen. Selbst wenn die Quantenmechanik es Teilchen erlaubt, sich auf seltsame und unvorhersehbare Weise zu verhalten, ist es ein Sprung zu sagen, dass dies irgendein bestimmtes ethisches System validiert. Zum einen neigt das Quantenverhalten dazu, sich "auszugleichen", wenn es um große Ansammlungen von Teilchen geht, die alltägliche Objekte und Erfahrungen ausmachen, was bedeutet, dass die klassische Physik normalerweise in unserem täglichen Leben anwendbarer ist.

Die ethischen Implikationen werden jedoch besonders interessant, wenn wir Technologien betrachten, die in der Quantentheorie verankert sind, wie Quantencomputing und -verschlüsselung. Diese Technologien könnten die Speicherung und das Teilen von Informationen revolutionieren, werfen aber auch ernsthafte ethische Fragen hinsichtlich Privatsphäre und Sicherheit auf. Es liegt dann an uns, tief über die Anwendung dieser mächtigen Quantenwerkzeuge auf verantwortungsvolle Weise nachzudenken.

Auch Philosophen haben sich mit den Implikationen der Quantenmechanik auseinandergesetzt. Einige haben vorgeschlagen, dass eine quantenphysikalische Sicht der Realität eine stärker vernetzte ethische Sichtweise erfordert, ähnlich den östlichen Philosophien, die ganzheitliche Verständnisse der Existenz betonen. Wenn Teilchen grundlegend verschränkt sind, sollten vielleicht auch unsere moralischen und ethischen Überlegungen stärker verschränkt, vernetzt und global sein.

Zusammenfassend lässt sich sagen, dass uns die Quantenmechanik zwar keine fertige ethische oder philosophische Lehre liefert, aber sie lädt uns ein, unsere bestehenden Überzeugungen zu hinterfragen und neue Paradigmen zu erkunden. Sie fordert uns heraus, auf eine Weise zu denken, die weniger durch unsere alltäglichen Erfahrungen eingeschränkt ist und offener für die Komplexitäten und Mehrdeutigkeiten eines Universums, das viel seltsamer und wunderbarer ist, als wir uns je hätten vorstellen können. Und indem sie das tut, fügt sie eine weitere Schicht zum reichen Teppich der Ideen hinzu, die uns helfen, unser Leben in diesem immer mysteriösen Kosmos zu navigieren.

Quantencomputing: Die Nutzung der Quanten-Seltsamkeit

Bits vs. Qubits: Eine neue Art, Informationen zu verarbeiten

Okay, tauchen wir tief in das Quantencomputing ein. Also, Sie wissen, wie Ihr normaler Computer Bits verwendet, um seine Arbeit zu erledigen, richtig? Bits sind wie winzige Schalter, die entweder aus (0) oder an (1) sein können. Stellen Sie sich jetzt einen magischen Schalter vor, der gleichzeitig an und aus sein kann, sowie alle Zwischentöne. Das ist, was wir im Bereich des Quantencomputings einen Qubit nennen. Er ist wie ein supergeladenes Bit.

Sehen Sie: Qubits nutzen die seltsamen Regeln der Quantenmechanik, insbesondere Superposition und Verschränkung. Superposition ermöglicht es einem Qubit, gleichzeitig in mehreren Zuständen zu sein. Das verleiht einem Quantencomputer seine unglaubliche Leistungsfähigkeit und Geschwindigkeit. Ein normaler Computer würde sich ein komplexes Problem ansehen und die möglichen Lösungen nacheinander durchgehen, wie eine Person, die jeden Schlüssel an einem riesigen Schlüsselbund ausprobiert, um eine Tür zu öffnen. Ein Quantencomputer hingegen kann alle Schlüssel gleichzeitig ausprobieren!

Wenn Qubits miteinander verschränkt werden, passiert noch etwas Faszinierendes. Die Änderung des Zustands eines Qubits ändert sofort den Zustand seines verschränkten Partners, egal wie weit sie voneinander entfernt sind. Das ist, als hätte man ein Paar magischer Würfel, bei denen, wenn Sie einen werfen und er eine Sechs zeigt, der andere ebenfalls eine Sechs zeigt, selbst wenn er kilometerweit entfernt ist! Diese Eigenschaft kann genutzt werden, um Qubits auf eine Weise zu verbinden, die die Rechenleistung exponentiell erhöht. Es ist, als würde man ein Team aufbauen, bei dem jeder Spieler genau weiß, was der andere tut, sodass sie nahtlos zusammenarbeiten.

Das bedeutet, dass Quantencomputer Probleme in Minuten lösen könnten, für die klassische Computer Jahrtausende bräuchten. Wir sprechen hier von bahnbrechenden Dingen wie der Simulation molekularer Strukturen für die Arzneimittelforschung oder dem Knacken von Verschlüsselungsalgorithmen, die derzeit als unknackbar gelten. Aber es ist nicht alles rosig. Quantencomputing stellt auch echte Herausforderungen dar. Zum Beispiel sind die Qubits extrem empfindlich gegenüber ihrer Umgebung – ein einzelnes Photon oder eine leichte Temperaturänderung kann alles durcheinanderbringen, was die Berechnungen erschwert. Das nennen Wissenschaftler "Quantendekohärenz", und einen Weg zu finden, dies zu managen, ist eine der größten Hürden, um Quantencomputing praktikabel zu machen.

Sie denken vielleicht: "Okay, das ist cool, aber was hat das mit mir zu tun?" Nun, eigentlich eine ganze Menge. Quantencomputing wird wahrscheinlich verschiedene Branchen revolutionieren, von Gesundheitswesen und Finanzen bis hin zu Logistik und darüber hinaus. Stellen Sie sich selbstfahrende Autos vor, die Entscheidungen in Echtzeit mit unglaublicher Genauigkeit treffen, oder personalisierte Medizin, die auf Ihre DNA zugeschnitten ist. Die Möglichkeiten scheinen endlos.
Aber natürlich gibt es auch ethische Bedenken. Wenn Quantencomputer die Verschlüsselungscodes knacken können, die unsere Daten schützen, was bedeutet das für unsere Privatsphäre? Wir müssten neue Formen der Verschlüsselung entwickeln, was derzeit eines der wichtigsten Forschungsgebiete im Quantencomputing ist. Man könnte es als ein Wettrennen zwischen dem Öffnen von Türen und dem Bau stärkerer Schlösser betrachten.

Wenn Sie sich sowohl aufgeregt als auch ein wenig unsicher über das Potenzial des Quantencomputings fühlen, sind Sie nicht allein. Es ist ein Feld voller Möglichkeiten und Fallstricke. Während wir an der Schwelle zu dieser neuen Ära stehen, werden unsere Entscheidungen nicht nur die Zukunft des Computings, sondern potenziell die Zukunft der Menschheit selbst formen. Also, obwohl das Quantenreich vielleicht fern und seltsam erscheint, sind seine Rätsel und Paradoxe relevanter für unser Leben als je zuvor.

Wie Quantencomputer funktionieren: Überlagerung und Verschränkung

Also, lassen Sie uns tiefer in die tatsächlichen Arbeitsmechanismen von Quantencomputern eintauchen. Wir haben bereits früher Überlagerung und Verschränkung angesprochen, aber sie sind so wichtig, dass sie ein wenig mehr Aufmerksamkeit verdienen. Denken Sie daran, Überlagerung ermöglicht es einem Qubit, gleichzeitig in mehreren Zuständen zu existieren, und Verschränkung verbindet Qubits in einer Art psychischer Partnerschaft.
Zuerst: Überlagerung. Wenn Sie jemals eine drehende Münze beobachtet haben, wissen Sie, dass sie scheinbar gleichzeitig im Kopf- und Zahl-Zustand zu sein scheint, während sie sich dreht. Das ist nicht genau das, was in der quantenmechanischen Überlagerung passiert, aber es ist eine ausreichend gute Art, es zu visualisieren. In der Quantenwelt kann ein Teilchen gleichzeitig in mehreren Zuständen sein, bis es gemessen wird. In dem Moment, in dem es gemessen wird, wählt es einen Zustand, ähnlich wie eine drehende Münze auf Kopf oder Zahl landet. Das Besondere daran ist, dass es, während es sich in der Überlagerung befindet, Berechnungen für alle seine möglichen Zustände durchführen kann. Stellen Sie sich vor, Sie könnten gleichzeitig jedes Buch in einer Bibliothek lesen. Das ist die Art von Multitasking, von der wir sprechen!

Dann gibt es die Verschränkung. Stellen Sie es sich vor als die Version des Universums von Instant Messaging. Nehmen wir an, Sie haben zwei verschränkte Qubits. Eines ist bei Ihnen, und das andere bei Ihrem Freund auf der anderen Seite des Planeten. Wenn Sie den Zustand deines Qubits ändern, spiegelt das Qubit des Freundes sofort diese Änderung wider, unabhängig von der Entfernung. Diese unheimliche Verbindung bereitete sogar Einstein Kopfzerbrechen, er nannte sie "spukhafte Fernwirkung".

Wenn man nun Überlagerung und Verschränkung kombiniert, erhält man eine rechnerische Kraftzentrale. Überlagerung ermöglicht es dem Quantencomputer, gleichzeitig mehrere Lösungen zu erforschen, und Verschränkung erlaubt unglaublich koordinierte Berechnungen. Die Qubits können kommunizieren und ihre Zustände sofort basierend auf ihren verschränkten Partnern anpassen. Sie machen also im Wesentlichen nicht nur mehrere Berechnungen gleichzeitig; sie führen mehrere koordinierte Berechnungen gleichzeitig durch.

Sie fragen sich vielleicht: "Wie gehen wir mit diesen Quantenphänomenen um? Das klingt, als wären sie schwer zu kontrollieren." Und Sie hätten recht. Eine der größten technischen Hürden ist es, die Qubits stabil zu halten. Sie sind extrem empfindlich und können leicht durch ihre Umgebung gestört werden, was zu Fehlern führt. Wissenschaftler verwenden extrem niedrige Temperaturen, um sie stabil zu halten – so niedrig wie nahezu absoluter Nullpunkt. Kälter als der Weltraum!

In Bezug auf Herausforderungen ist die Stabilität eine große. Qubits sind empfindliche Wesen, die leicht ihren Quantenzustand verlieren und so Berechnungen durcheinanderbringen können. Das nennt man "Quantendekohärenz", und Forscher unternehmen große Anstrengungen, um sie zu bekämpfen. Wissen Sie, es ist ein bisschen so, als würde man versuchen, einen Bleistift auf seiner Spitze zu balancieren. Die kleinste Erschütterung könnte ihn umwerfen, aber stellen Sie sich vor, was man tun könnte, wenn man ihn unendlich lange ausbalancieren könnte.

Dann gibt es noch das Problem der Fehlerkorrektur. Da Qubits aufgrund ihrer instabilen Natur anfällig für Fehler sind, ist eine Quantenfehlerkorrektur notwendig, um zuverlässige Berechnungen zu gewährleisten. Das ist jedoch leichter gesagt als getan, und bestehende Fehlerkorrekturtechniken verbrauchen viele Rechenressourcen. Es ist ein bisschen so, als bräuchte man einen zweiten Motor, um die Fehler des ersten zu korrigieren. Offensichtlich ist das weit davon entfernt, ideal zu sein.
Es ist nicht nur die Hardware; auch die Software ist gleichermaßen herausfordernd. Ein Quantencomputer zu programmieren unterscheidet sich grundlegend von der Programmierung eines klassischen Computers. Neue Algorithmen müssen erstellt werden, was ein tiefes Verständnis sowohl der Informatik als auch der Quantenmechanik erfordert. Es ist, als würde man einen Piloten plötzlich bitten, zu lernen, wie man ein U-Boot fährt; die Prinzipien sind völlig unterschiedlich, auch wenn das Endziel – Transport – das gleiche ist.

Und da ist der Knackpunkt: Skalierbarkeit. Im Moment können wir einige Dutzend Qubits verwalten, aber damit Quantencomputing praktisch nützlich ist, benötigen wir Systeme mit Tausenden oder sogar Millionen von Qubits. Das ist ein massives Skalierungsproblem, und es ist immer noch unklar, wie man das angehen kann, ohne auf Probleme mit Fehlerraten, Stabilität und Ressourcenanforderungen zu stoßen.

Aber wissen Sie, jede bahnbrechende Technologie stand vor ihren eigenen Herausforderungen. Die ersten Flugzeuge waren wackelige Konstruktionen, die kaum vom Boden abhoben, und heute haben wir Überschalljets. Ähnlich werden viele der Herausforderungen im Quantencomputing durch Forschung und Investitionen überwunden werden. Auch wenn es momentan scheint, als gäbe es monumentale Hindernisse, zeigt uns die Geschichte, dass das, was heute unüberwindbar erscheint, morgen schon ein kleiner Stolperstein auf dem Weg zum Fortschritt sein könnte.

Quantensicherheit: Die neue Grenze in der Cybersicherheit

Ah, das Thema Quantensicherheit. Es ist gewissermaßen der Wilde Westen des digitalen Zeitalters – eine neue Grenze mit immensem Versprechen, aber auch einer ganzen Reihe von Herausforderungen. Es geht nicht nur darum, Dinge schneller oder effizienter zu machen; es geht darum, grundlegend zu verändern, wie wir über die Sicherung von Informationen denken. Die Einsätze sind hoch, besonders in einer Welt, in der sich Cybersicherheitsbedrohungen schneller entwickeln, als wir ihnen entgegenwirken können.

Was macht Quantensicherheit so besonders? Sie übernimmt die seltsamen, aber mächtigen Prinzipien der Quantenmechanik und wendet sie auf den Bereich der Cybersicherheit an. Eine klare Anwendung davon ist im Bereich der sicheren Kommunikation, wie wir bereits früher angesprochen haben. Stellen Sie sich vor, Sie senden eine Nachricht, die so sicher verschlüsselt ist, dass sie, selbst wenn jemand sie abfängt, nicht entschlüsselt werden kann. Weder jetzt noch jemals. Das ist Quantenverschlüsselung.

Erinnern wir uns an unsere Freunde, die verschränkten Teilchen? Sie spielen hier eine entscheidende Rolle. In einem Prozess, der Quantenschlüsselverteilung genannt wird, können verschränkte Teilchen verwendet werden, um Verschlüsselungsschlüssel zu erstellen, die praktisch unhackbar sind. Sobald ein Lauscher versucht, den Schlüssel abzufangen, würde sich die Quanteneigenschaft der Teilchen ändern, was Sender und Empfänger über den Eingriff alarmiert. Es ist, als hättest du einen Safe, der sich selbst zerstört, sobald jemand versucht, ihn zu manipulieren.

Aber es gibt einen weiteren Aspekt der Quantensicherheit, der genauso wichtig ist, und das sind quantenresistente Algorithmen. Das sind Algorithmen, die darauf ausgelegt sind, klassische Systeme vor der Macht von Quantenangriffen zu schützen. Es ist, als würde man eine Festung nicht nur bauen, um mittelalterlichen Belagerungsmaschinen standzuhalten, sondern auch futuristischen Laserkanonen. Warum ist das wichtig? Nun, Quantencomputer haben das Potenzial, aktuelle Verschlüsselungsalgorithmen leicht zu knacken. Das bedeutet, dass alle unsere bestehenden Sicherheitsprotokolle gefährdet wären, sobald ein ausreichend fortgeschrittener Quantencomputer gebaut wird. Sich auf diese Eventualität vorzubereiten, indem Algorithmen erstellt werden, mit denen selbst Quantencomputer zu kämpfen hätten, ist lebenswichtig für unsere digitale Zukunft.

Es gibt jedoch ein paar Hürden. Zum einen ist die Entwicklung dieser quantenresistenten Algorithmen eine fortlaufende Herausforderung. Sie erfordert tiefgreifende Expertise in einer Reihe von Disziplinen von der Kryptographie bis zur Quantenmechanik. Außerdem benötigen die Protokolle für die Quantenschlüsselverteilung eine robuste Quantennetzwerkinfrastruktur, die sich noch im Aufbau befindet.
Zudem gibt es immer das Katz-und-Maus-Spiel zwischen Sicherheitsexperten und Hackern. Während neue Quantensicherheitsmaßnahmen entwickelt werden, versucht garantiert jemand da draußen, einen Weg um sie herum zu finden. Das schafft eine sich ständig weiterentwickelnde Landschaft, die kontinuierliche Wachsamkeit und Innovation erfordert. Stell dir vor, du spielst Schach, aber das Brett ändert alle paar Züge seine Form – so dynamisch und komplex ist die Situation, die wir betrachten.

Zusammenfassend ist Quantensicherheit eine faszinierende, wenn auch herausfordernde, Grenze. Sie hat die Macht, die Grundlagen der Cybersicherheit neu zu definieren und bietet beispiellose Schutzniveaus. Doch sie zwingt uns auch dazu, neuartige Bedrohungen zu überdenken und uns darauf vorzubereiten. Der Weg nach vorne ist lang, aber mit der Reifung der Quantentechnologie wird sich auch unsere Fähigkeit verbessern, unser digitales Leben auf kaum vorstellbare Weise zu sichern.

Das Quanteninternet: Ein Blick in die Zukunft

Das Quanteninternet. Ein Begriff, der direkt aus einem Sci-Fi-Roman zu stammen scheint, ist aber eine sehr reale Sache, an der Wissenschaftler gerade arbeiten. Und während wir über Quantencomputing und Quantensicherheit gesprochen haben, was passiert, wenn man diese Konzepte auf ein gesamtes Netzwerk ausdehnt? Man erhält das Quanteninternet – ein riesiges, vernetztes Netzwerk aus Quantengeräten, die alle dieselbe Quantensprache sprechen.

Warum sollten wir uns dafür interessieren? Nun, das Quanteninternet wäre ein Game-Changer, der eine Vernetzungs- und Sicherheitsstufe bietet, die weit über das hinausgeht, was das klassische Internet bieten kann. Denk es dir wie das klassische Internet auf Steroiden, nur dass die Steroide aus Quantenteilchen bestehen. Es geht nicht nur darum, E-Mails schneller zu senden oder im Web zu surfen, es geht darum, eine grundlegend neue Art der Übertragung und Manipulation von Informationen zu schaffen.

Lassen Sie uns dies etwas genauer betrachten. Das Konzept dreht sich um die Verwendung von Quantenbits oder Qubits anstelle von regulären Bits. Das bedeutet, dass jede Information dank der Überlagerung gleichzeitig in mehreren Zuständen existieren kann. Das eröffnet die Tür zu weit komplexeren und schnelleren Berechnungen sowie der Fähigkeit, viele Aufgaben gleichzeitig auszuführen. Stellen Sie sich eine Autobahn mit mehreren Spuren vor, aber anstatt geradeaus zu fahren, können sich die Spuren verdrehen, wenden und sogar überlappen, ohne Unfälle zu verursachen – so können Quanteninformationen reisen.

Und es geht nicht nur um Geschwindigkeit; es geht um Fähigkeit. Komplexe Aufgaben wie Wettermodellierung, Medikamentenentwicklung oder Finanzprognosen, die klassische Supercomputer in unverschämt langer Zeit erledigen würden, könnten realistischer angegangen werden. Sie könnten sogar Quantensuchmaschinen haben, die genau das finden, was Sie in einem Bruchteil der Zeit suchen, die es jetzt braucht. Es ist ein ganz neuer Spielplatz für technologische Innovationen.

Aber kommen wir zurück zum "Internet"-Teil des Quanteninternets. Erinnern Sie sich, wie wir über Quantensicherheit gesprochen haben? Diese würde auf der Grundlage des Quanteninternets integriert. Durch eine Technik namens Quantenschlüsselverteilung würden nicht nur Kommunikationen sicher sein, sondern jeder Versuch des Abhörens würde sofort erkannt. Es ist, als hätte man ein Alarmsystem, das immer eingeschaltet ist, immer wachsam, aber ohne Fehlalarme.

Allerdings gibt es eine Menge zu tun, bevor dieser Traum Wirklichkeit wird. Derzeit ist es eine Herausforderung, die Quantenzustände von Teilchen über lange Distanzen aufrechtzuerhalten. Jede Störung kann zu Dekohärenz führen, was im Grunde genommen so ist, als würde Ihr Radio beim Durchfahren eines Tunnels seinen Signal verlieren. Wissenschaftler arbeiten an Wegen, um 'Quantenrepeater' zu schaffen, die das Signal stark halten, aber das befindet sich noch im Versuchsstadium.

Zudem ist der Aufbau eines Quantennetzwerks nicht einfach das Zusammenstecken von Quantencomputern mit einem Quantenrouter und das war's dann. Die Hardware und Software müssen vollständig neu konzipiert werden, um in einer Quantenumgebung zu funktionieren. Dies ist nicht nur ein einfaches Upgrade – es ist, als würde man von einer Pferdekutsche zu einem Space Shuttle wechseln.

Wenn wir also in die Zukunft blicken, erscheint das Quanteninternet sowohl als Versprechen als auch als Herausforderung. Es könnte revolutionieren, wie wir mit der digitalen Welt interagieren und Dinge möglich machen, die wir uns heute noch nicht einmal vorstellen können. Doch um dorthin zu gelangen, haben wir einen Weg voller Hürden vor uns. Aber angesichts des Tempos, mit dem die Quantentechnologie voranschreitet, wer kann schon sagen, welche erstaunlichen Entwicklungen gleich um die Ecke auf uns warten?

Relativitätstheorie trifft Quantenphysik: Die Suche nach Einheit

Allgemeine Relativitätstheorie: Gravitation als gekrümmte Raumzeit

Eines der faszinierendsten Rätsel in der modernen Physik ist der Versuch, die Quantenmechanik mit der allgemeinen Relativitätstheorie zu vereinen. Stellen Sie sich vor, Sie versuchen, Öl und Wasser zu mischen; es handelt sich um zwei grundlegend verschiedene Dinge. Die Quantenmechanik, mit ihren Qubits und Verschränkungen, erklärt brillant das Verhalten von Teilchen auf sehr kleiner Skala, wie Atome und subatomare Partikel. Auf der anderen Seite liefert uns die allgemeine Relativitätstheorie ein großartiges Bild von Gravitation und Universum im Großen, und besagt, dass das, was wir als Gravitation empfinden, eigentlich die Biegung von Raum und Zeit um die Masse herum ist. Beide Theorien sind in ihren Bereichen unglaublich erfolgreich, aber hier ist der Knackpunkt: Sie sind sich über die Natur der Realität grundlegend uneinig.

Kommen wir also zur allgemeinen Relativitätstheorie. Diese Theorie, uns gebracht von dem legendären Albert Einstein, war nichts weniger als revolutionär. Vor Einstein war die vorherrschende Idee die Newtonsche Physik, die vorschlug, dass Gravitation eine Kraft zwischen zwei Massen sei. Einstein sagte: "Moment, es ist nicht ganz so." Laut ihm verformt Masse das Gewebe der Raumzeit um sich herum und schafft so, was wir als Gravitation empfinden. Stellen Sie sich vor, Sie legen eine schwere Kugel auf ein Gummilaken; das Laken biegt sich um die Kugel, richtig? Wenn Sie nun eine kleinere Kugel nahe der schweren Kugel rollen lassen, wird die kleinere Kugel anfangen, sich auf die schwerere zuzubewegen. Dieses Spiralbewegung nennen wir Gravitation. Es ist nicht so, dass die Erde den Mond anzieht; es ist so, dass die Erde den Raum um sich herum so verformt, dass der Mond natürlich um sie herumrollt.

Die kurze Antwort ist: Nicht einfach. Zum einen fordert die allgemeine Relativitätstheorie einen kontinuierlichen, glatten Raum-Zeit-Verlauf, wie das glatte Gummilaken, von dem wir gesprochen haben. Die Quantenmechanik andererseits spricht von sprunghaften, diskreten Einheiten von Dingen, wie Pixeln auf einem Bildschirm. Wenn Wissenschaftler versuchen, die Regeln der Quantenmechanik auf die Gravitation anzuwenden, enden sie normalerweise mit Gleichungen, die keinen Sinn ergeben, wie etwa die Behauptung, das Ergebnis einer Berechnung sei unendlich. In der realen Welt kann man nicht unendlich viel von irgendetwas haben – diese Unstimmigkeit sagt uns also, dass wir etwas Großes übersehen.

Die Suche nach einer einheitlichen Theorie, die diese beiden Giganten der modernen Physik vereinbaren kann, wird oft als die Suche nach einer „Theorie von Allem" bezeichnet. Verschiedene Theorien sind aufgetaucht, jede esoterischer als die letzte, wie die Stringtheorie, die Schleifenquantengravitation und mehr. Einige von ihnen schlagen sogar zusätzliche Raumdimensionen vor, die wir nicht wahrnehmen können, die aber so real sind wie die drei Dimensionen, in denen wir leben. Es ist alles spekulativ zu diesem Zeitpunkt, aber der reine intellektuelle Nervenkitzel, möglicherweise eine grundlegende Wahrheit über das Universum zu entdecken, hält die Forscher am Ball.

Aber vergessen wir nicht, welche Implikationen eine solche Vereinigung haben könnte. Zum einen könnte sie Fragen über die frühesten Momente des Universums, über die Natur von Schwarzen Löchern und sogar über das letztendliche Schicksal von allem, was existiert, beantworten. Im Moment sind die Werkzeuge, die wir haben, wie ein Paar Ferngläser und ein Mikroskop: das eine ist gut für das Betrachten sehr großer Dinge, das andere für sehr kleine Dinge. Stellen Sie sich vor, wir könnten ein einziges Werkzeug schaffen, das perfekt für beides funktioniert; das Universum wäre unser Austernfeld!

Und was ist mit Ihnen und mir, die wir unser alltägliches Leben leben? Nun, die direkte Auswirkung könnte zunächst minimal sein. Wir werden nicht bald mit Quantenteleportation zur Arbeit fahren oder mit Gravitationsfeldern zu Abend essen. Aber die indirekten Auswirkungen könnten monumental sein. Die Technologie, die aus einer neuen, vereinheitlichten Theorie hervorgeht, könnte Innovationen für Jahrzehnte oder sogar Jahrhunderte vorantreiben. Wir sprechen hier nicht nur von wissenschaftlichen Arbeiten und Nobelpreisen; wir sprechen vom Potenzial, alles, was wir über Energie, Materie, Raum und Zeit wissen, zu revolutionieren.

Sehen Sie also, diese Suche nach Einheit in der Physik ist nicht nur akademische Nabelschau. Es ist eine Suche, um die Regeln zu verstehen, die unser Dasein bestimmen. Es ist demütigend und aufregend zugleich zu denken, dass wir vielleicht kurz vor einem weiteren massiven Sprung in unserem Verständnis des Kosmos stehen. Und selbst wenn wir nicht die ultimative Antwort finden, führen die Fragen, die wir auf dem Weg stellen, zu einigen atemberaubenden Ideen und Technologien. Hier also ein Hoch auf die noch ungelösten Rätsel und die Reise, die das Suchen nach diesen Antworten mit sich bringt. Lasst uns weiterhin die Grenzen verschieben und sehen, wohin uns dieser Weg führt.

Quantenfeldtheorie: Der Tanz der Teilchen

Los geht's, wir tauchen in die Quantenfeldtheorie ein, oft abgekürzt als QFT. Hier wird es jazzig in der Welt der Quantenmechanik. Sie wissen, wie wir über Teilchen wie Elektronen und Photonen gesprochen haben? Nun, in der QFT beginnen wir, Teilchen nicht als einzelne Punkte, die herumflitzen, zu betrachten, sondern als winzige Wellen oder Erregungen in einem zugrundeliegenden „Feld". Stellen Sie sich einen ruhigen See vor, still und friedlich. Wenn Sie einen Stein hineinwerfen, erzeugt er Wellen. Genau so sind Teilchen wie diese Wellen, und der See selbst ist ein Feld. Für jedes Teilchen gibt es übrigens ein Feld - ein Elektronenfeld, ein Photonenfeld, ein Quarkfeld und so weiter.

Aber warum müssen wir Teilchen auf diese Weise betrachten? Die Antwort kommt von etwas, das „Renormierung" genannt wird. Als Wissenschaftler versuchten, die Quantenmechanik mit dem Elektromagnetismus zu verbinden, erhielten sie ständig unendliche Werte, die keinen Sinn ergaben. Physiker wie Richard Feynman kamen mit der Idee der Renormierung, im Grunde ein mathematischer Trick, um diese unsinnigen Unendlichkeiten loszuwerden. Sie fanden heraus, dass wenn man Teilchen als Störungen in einem Feld statt als Punkte betrachtet, die Mathematik besser funktionieren begann. Es war ein Fortschritt, aber auch eine Art Notlösung, ähnlich wie das Stopfen eines Lochs in einem Schiff, ohne zu wissen, warum das Loch überhaupt aufgetreten ist.

Gauge-Theorien in der Quantenfeldtheorie

Nun, lassen Sie uns das Ganze mit etwas würzen, das als "Eichtheorien" bekannt ist und einen großen Teil der QFT ausmacht. Eichtheorien beschreiben, wie diese Felder mit Teilchen interagieren. Sie wissen, wie Sie Ihre Körpergröße in Fuß oder Metern messen können und es ändert nichts an Ihrer tatsächlichen Größe? Das ist die Idee hinter den Eichtheorien; die Gesetze der Physik sollten sich nicht ändern, nur weil man Dinge unterschiedlich misst. Dieses Prinzip führte zur Formulierung des Standardmodells, der bisher besten Erklärung, die wir für das Verhalten fundamentaler Teilchen haben.

Aber halt, wir müssen noch die QFT mit der Allgemeinen Relativitätstheorie, unserer Theorie der Gravitation und gekrümmten Raumzeit, in Einklang bringen. Die Mathematik wird noch widerstandsfähiger, wenn wir versuchen, diese beiden Theorien zu vereinen. Stellen Sie sich vor, Sie versuchen, einen quadratischen Stift in ein rundes Loch zu stecken - das ist das Niveau der Schwierigkeit, mit der Physiker kämpfen. Eines der Probleme ist, dass die QFT gut mit flacher Raumzeit umgehen kann, die Allgemeine Relativitätstheorie jedoch durch das Krümmen dieser Raumzeit alles durcheinanderbringt. Es ist so, als würde man einen Fußballspieler plötzlich mit einem schlaffen Ball spielen lassen.

Es gibt noch ein weiteres Problem zu bedenken: Dunkle Materie und dunkle Energie, zwei der größten Mysterien des Universums. Diese Dinge interagieren nicht mit Licht, was sie unmöglich direkt sichtbar macht. Der einzige Grund, warum wir wissen, dass sie existieren, ist wegen ihrer gravitativen Anziehung. Wenn wir die QFT mit der Allgemeinen Relativitätstheorie vereinen können, gewinnen wir möglicherweise neue Einblicke, woraus diese dunklen Substanzen bestehen oder warum sie überhaupt existieren. Stellen Sie sich vor, Sie finden eine neue Art von Linsen, die es dir ermöglichen, bisher unsichtbare Dinge zu sehen - das ist die Größenordnung der Entdeckung, über die wir hier sprechen.

Bedeutung von Quantenfeldtheorie und Allgemeiner Relativitätstheorie für uns

Vielleicht fragen Sie sich, warum all diese Theorien und Gleichungen für Sie oder mich wichtig sind. Immerhin berechnen wir nicht die Flugbahn eines Raumschiffs oder detektieren Partikel in einem Labor. Aber denken Sie so darüber nach: Jeder große Sprung in unserem Verständnis des Universums hat zu neuen Technologien, neuen Sichtweisen auf die Welt und neuen Lösungen für alte Probleme geführt. Wer kann schon sagen, welche lebensverändernden Innovationen aus der endgültigen Verbindung von Quantenfeldtheorie und allgemeiner Relativitätstheorie hervorgehen könnten?

In diesem großen Zusammenhang ist die Quantenfeldtheorie ein weiteres Puzzleteil. Es ist so, als hätten wir eine detaillierte Karte einer Stadt, aber wüssten nicht, wie sie ins ganze Land passt. Wir haben viele Teile; wir haben nur noch nicht herausgefunden, wie sie alle zusammenhängen. Aber wenn wir das tun, könnte es der Beginn einer neuen Ära in unserem Verständnis von allem sein, vom unendlich Kleinen bis zum unvorstellbar Großen. Und ist das nicht die geistige Gymnastik wert?

Die fortlaufende Suche nach einer Theorie von allem

Wenn Sie bisher aufmerksam gefolgt sind, fragen Sie sich vielleicht, was als Nächstes kommt. Die Quantenmechanik ist verwirrend und die Allgemeine Relativitätstheorie geistig anstrengend. Beide wurden in ihren jeweiligen Bereichen als außerordentlich präzise bewiesen, weigern sich jedoch beharrlich, zu einem einzigen Rahmenwerk vereint zu werden. Diese Pattsituation hat zu einer heiligen Gralsuche in der modernen Physik geführt: der Suche nach einer Theorie von Allem (ToE). Klingt großartig, oder? Aber genau das ist es – eine einzige Theorie, die erfolgreich alle physischen Aspekte des Universums erklären und verbinden würde.

Die Einsätze sind hoch und das aus gutem Grund. Eine Theorie von Allem zu finden, wäre wie das Auffinden eines Schlüssels, der jede Tür öffnet. Sie könnte das Wesen der Zeit, den Ursprung des Universums erklären und möglicherweise sogar philosophische Fragen beantworten, warum überhaupt etwas existiert. Kurz gesagt, es ist eine große Sache.
Die Stringtheorie ist einer der Spitzenreiter in diesem Rennen. Sie schlägt vor, dass auf der fundamentalsten Ebene alles im Universum aus winzigen, vibrierenden Saiten besteht und nicht aus punktförmigen Partikeln. Stellen Sie sich vor, Ihre Gitarrensaiten summen nicht nur in hörbaren Frequenzen, sondern vibrieren auf eine Weise, die das sehr Gewebe der Realität formt. Klingt wie Science-Fiction, aber es ist ein wissenschaftliches Unterfangen, das sehr ernst genommen wird. Was die Stringtheorie attraktiv macht, ist, dass sie das Versprechen hält, die Schwerkraft natürlich in ihr Rahmenwerk zu integrieren. Die Schwerkraft war der große Außenseiter, und die Stringtheorie könnte sie gerade dazu überreden, sich der Party anzuschließen.

Ein weiterer Kandidat ist die Schleifenquantengravitation, oder LQG. Statt Saiten schlägt LQG vor, dass das Universum aus winzigen Schleifen von Quantenfeldern besteht. Dieses Modell zielt ebenfalls darauf ab, die Quantenmechanik und die Allgemeine Relativitätstheorie zu vereinen, jedoch auf eine andere Art und Weise. Es ist, als würde man versuchen, dasselbe Rätsel zu lösen, aber von einer anderen Ecke aus zu beginnen. Beide Ansätze haben ihre Vorzüge und Fallstricke, aber bisher hat keiner die ultimative Antwort geliefert.

Lassen Sie uns auch den Außenseiter-Theorien eine Anerkennung zukommen. Einige Wissenschaftler arbeiten an radikal neuen Ideen, die nicht im Mainstream sind. Diese reichen von modifizierten Versionen bestehender Theorien bis hin zu völlig neuen Ansätzen, die unsere grundlegendsten Annahmen in Frage stellen. Sie sind wie Indie-Filme neben Blockbustern – weniger anerkannt, aber manchmal in ihrer eigenen Art bahnbrechend.

Es ist erwähnenswert, dass wir vielleicht niemals eine Theorie von Allem finden werden. Oder es könnte sein, dass unser "Alles" nur ein kleiner Teil von etwas noch Größerem ist, wie ein einzelner Pinselstrich in einem viel größeren Gemälde. Außerdem, selbst wenn wir auf eine universelle Theorie stoßen, wird sie wahrscheinlich mehr Fragen aufwerfen, als sie beantwortet. Es ist so, als würde man den Gipfel eines Berges erreichen, nur um zu entdecken, dass sich dahinter eine ganze Reihe höherer Gipfel erstreckt.

Die Suche nach einer Theorie von Allem ist nicht nur die Suche nach der ultimativen Gleichung oder einer endgültigen Antwort. Es ist eine Reise, die die Grenzen menschlicher Neugier und Erfindungsgabe testet. Und das Schöne daran ist, dass die Reise selbst unser Verständnis des Universums bereichert, egal ob wir jemals dieses schwer fassbare Ziel erreichen oder nicht.

An diesem Punkt fühlt man sich vielleicht, als stünde man am Rand eines riesigen Ozeans, mit nur einer vagen Vorstellung davon, was jenseits liegt. Genau dort sind wir – an einem aufregenden, etwas einschüchternden Ort. Die Suche nach einer Theorie von Allem ist im Gange, eine unvollendete Symphonie in den Annalen menschlicher Bestrebungen. Aber was für eine Symphonie sie ist, reich an Bewegungen von Brillanz und Verwirrung, und wir sind alle hier, um ihr Entfalten zu erleben. Aufregender geht es nicht.

Quantenphilosophie: Auswirkungen auf unser Verständnis der Realität

Die Rolle des Beobachters: Spielt das Bewusstsein eine Rolle?

Wenn Sie sich in die Welt der Quantenmechanik stürzen, erforschen Sie nicht nur Partikel und Gleichungen. Sie begeben sich in einen Kaninchenbau, der sich windet und dreht und Sie dazu bringt, die Natur der Realität selbst in Frage zu stellen. Zum Beispiel: Ändert der einfache Akt des Beobachtens seine Eigenschaften? Das ist eine Frage, die mit der Quantenphilosophie verbunden ist, einem geistig erweiternden Gebiet, das Physik und Philosophie zu einem verwirrenden Cocktail von Ideen verschmilzt.

In der Quantenmechanik spielt die Beobachtung eine sehr eigenartige Rolle. Erinnern wir uns an Schrödingers Katze? Bis man die Box öffnet, existiert die Katze sowohl im Zustand des Lebens als auch des Todes. Erst wenn man tatsächlich hineinschaut, wird das Schicksal der Katze bestimmt. Dieses Rätsel rückt die Rolle des Beobachters in den Vordergrund. Einige spekulieren sogar, dass das Bewusstsein selbst erforderlich ist, um einen Quantenzustand in ein bestimmtes Ergebnis zu „kollabieren". Was bedeutet das? Es bedeutet, dass Sie nicht nur ein passiver Beobachter sind, sondern ein Teilnehmer daran, die Realität zu formen.

Nun, seien wir uns im Klaren: Dies ist ein Thema anhaltender Debatten. Einige Wissenschaftler verwerfen die Idee, dass das Bewusstsein eine Rolle in der Quantenmechanik spielt, und argumentieren, dass jedes Messgerät, ob bewusst oder nicht, den Trick macht. Also nein, Sie müssen sich keine Sorgen machen, dass Sie jedes Mal, wenn Sie in den Himmel schauen, das Universum verändern – obwohl das ziemlich cool wäre, oder?
Die Frage bleibt jedoch bestehen: Welche Rolle spielt das Bewusstsein im Universum? Wenn es Quantenzustände nicht beeinflusst, könnte es vielleicht eine andere Funktion haben, die wir noch nicht verstehen? Dies führt uns auf Pfade, die von Philosophen, Theologen und Mystikern im Laufe der Geschichte erforscht wurden, viele von ihnen haben über die Verbindung zwischen Geist und Materie nachgedacht.
Die Quantenphilosophie öffnet auch eine Büchse der Pandora, wenn es um Determinismus und freien Willen geht. Wenn Partikel gleichzeitig in mehreren Zuständen existieren können und ihr Verhalten grundsätzlich zufällig sein kann, was sagt das dann über das Universum aus? Wird es durch einen Satz kosmischer Gesetze vorherbestimmt, oder entfaltet es sich in einer Reihe von Wahrscheinlichkeiten, ähnlich einem Würfelwurf? Und welche Rolle spielen wir dabei? Sind unsere Handlungen und Entscheidungen vorherbestimmt, oder haben wir eine Art von Handlungsfähigkeit? Sie sehen, es geht nicht nur um das Spalten von Atomen; es geht um das Spalten von Haaren bei Fragen, die die Menschheit seit Jahrhunderten beschäftigen.

Nehmen wir an, wir leben in einem nicht-deterministischen Universum, beeinflusst von der in der Quantenmechanik inhärenten Zufälligkeit. Könnte dies der „Spielraum" sein, den der freie Wille braucht, um zu existieren? Es ist ein verlockender Gedanke, aber auch umstritten. Wenn unsere Handlungen nur das Ergebnis von Quantenzufälligkeiten sind, klingt das nicht nach freiem Willen; es klingt nach Unvorhersehbarkeit.
Leben wir also in einem Uhrwerk-Universum, das vorhersehbar tickt, oder in einem Reich der Wahrscheinlichkeiten und Unsicherheiten? Die Antwort könnte auf beides "Ja" lauten. Das ist die seltsame Schönheit der Quantenphilosophie. Sie fordert unsere grundlegendsten Überzeugungen über die Welt heraus und bietet keine einfachen Antworten. Stattdessen präsentiert sie einen reichen Teppich an Fragen, der zu noch mehr Fragen führt, in einer niemals endenden, spiralförmigen Reise der Untersuchung.

Und hier ist der Clou: Quantenphilosophie ist nicht nur theoretische Spekulation. Sie ist direkt mit den praktischen Anwendungen verbunden, über die wir zuvor gesprochen haben, wie Quantencomputing und Kryptografie. Wie wir die Seltsamkeit der Quantenwelt interpretieren, könnte sehr wohl beeinflussen, wie wir ihre Kraft nutzen. Wie Sie sehen, geht es bei der Philosophie nicht nur um 'Was-wäre-wenn'-Szenarien; sie ist eng verbunden mit den 'Was-ist' und 'Was-könnte-sein'-Szenarien, an denen Wissenschaftler und Ingenieure täglich arbeiten.
Wenn Sie Quantenmechanik mit Philosophie vermischen, beschäftigen Sie sich nicht nur mit dem 'Wie' der Dinge; Sie tauchen in das 'Warum' und vielleicht sogar in das 'Sollten wir' ein. Es ist ein vielschichtiger, komplexer Dialog, der sich über Disziplinen und Ideologien erstreckt. Und das ist vielleicht der aufregendste Aspekt dieses Feldes – es lädt uns alle ein, an einem großen Gespräch über die Natur der Realität selbst teilzunehmen.

Die Natur der Wirklichkeit: Lokaler Realismus vs. Nichtlokalität

Das Quantenreich fühlt sich oft an wie eine Geschichte, die von einem Science-Fiction-Autor mit überaktiver Fantasie geschrieben wurde. Es ist seltsam und kontraintuitiv und erschüttert unser Verständnis der Realität bis ins Mark. Ein Thema, das immer wieder in Diskussionen über die Natur der Realität auftaucht, ist die Spannung zwischen "lokalem Realismus" und "Nicht-Lokalität". Was bedeuten also diese schicken Begriffe und warum sind sie wichtig?

Lokaler Realismus ist gewissermaßen das Komfortessen der Physik. Es ist eine Idee, zu der wir natürlich neigen, weil sie gut zu unseren alltäglichen Erfahrungen passt. Lokaler Realismus besagt, dass Teilchen bestimmte Eigenschaften haben und unabhängig davon existieren, ob man sie misst oder nicht. Außerdem sagt er uns, dass nichts schneller als das Licht etwas anderes beeinflussen kann, was laut Einsteins Relativitätstheorie die universelle Geschwindigkeitsgrenze ist. Kurz gesagt, der lokale Realismus hält alles schön ordentlich, indem er intuitiven Regeln und Beschränkungen folgt.

Aber dann kommt die Quantenmechanik und zerreißt das Regelbuch. Hier kommt die Vorstellung der Nicht-Lokalität ins Spiel, eine Idee, die vorschlägt, dass Teilchen über weite Entfernungen hinweg sofort miteinander verbunden sein können, was effektiv die Lichtgeschwindigkeitsbegrenzung untergräbt. Diese Vorstellung wurde anschaulich durch das Konzept der Quantenverschränkung demonstriert, jene "spukhafte Fernwirkung", mit der Einstein so seine Probleme hatte. Es ist, als ob zwei Teilchen, einmal verschränkt, eine Art psychische Bindung eingehen. Ändert man den Zustand eines Teilchens, ändert sich sofort auch der Zustand seines Partners, ganz gleich, welche Distanz sie trennt.

Stellen Sie sich vor, Sie hätten ein Paar magischer Würfel. Sie und ein Freund würfeln jeder mit Ihrem Würfel, und egal, wo Sie sich befinden – im selben Raum oder auf verschiedenen Kontinenten – das Ergebnis wird immer für beide Würfel gleich sein. Wenn sich das anhört, als käme es direkt aus einem Fantasy-Roman, dann willkommen in der verwirrenden Welt der Quantenmechanik.

Die Spannung zwischen lokalem Realismus und Nicht-Lokalität ist nicht nur ein theoretischer Spielplatz für Physiker; sie hat auch praktische Implikationen. Zum Beispiel wird das Phänomen der Verschränkung bereits in aufkommenden Technologien wie der Quantenkryptographie genutzt, einer Methode zur Sicherung von Kommunikation, die praktisch unknackbar sein könnte. Daher ist das Verständnis der Nuancen der Nicht-Lokalität nicht nur eine intellektuelle Übung; es ist eine Voraussetzung für technologische Entwicklungen, die unsere Welt umgestalten könnten.

Wenn Nicht-Lokalität real ist, was bedeutet das für unser Verständnis von Raum, Zeit und Kausalität? Könnten diese verschränkten Teilchen eine zugrundeliegende Schicht des Universums aufzeigen, von der wir noch nichts wissen? Oder stellen sie vielleicht sogar die Vorstellung von 'Getrenntheit' in Frage und drängen uns dazu, unsere Sichtweise darüber, wie alles im Universum in einem komplexen Netz von Beziehungen miteinander verbunden ist, zu überdenken?

Es ist auch erwähnenswert, dass einige Physiker Wege erforschen, um lokalen Realismus mit der Quantenmechanik in Einklang zu bringen. Sie versuchen, "verborgene Variablen" oder andere Mechanismen zu finden, die die beobachteten Phänomene erklären könnten, ohne die beruhigende Weltsicht des lokalen Realismus aufzugeben. Bisher waren diese Bemühungen jedoch weitgehend erfolglos, und experimentelle Tests haben konsequent die seltsame, nicht-lokale Natur der Quantenwelt bestätigt.

Wenn wir tiefer in den seltsamen Boden der Quantenphilosophie graben, stoßen wir auf mehr Fragen als Antworten. Wir sind gezwungen, unsere Vorstellung davon, was als 'real' gilt und wie wir die 'natürliche Ordnung' des Universums definieren, zu überdenken. Diese Fragen verwischen die Grenzen zwischen Physik und Philosophie und fordern uns dazu auf, unsere grundlegendsten Annahmen zu überprüfen und Geheimnisse zu betrachten, die unsere Vorstellungskraft an ihre Grenzen bringen. Der Konflikt zwischen lokalem Realismus und Nicht-Lokalität dient als ständige Erinnerung daran, dass das Universum weit seltsamer und komplizierter ist, als wir uns jemals hätten vorstellen können.

Quantenphysik und freier Wille: Sind unsere Entscheidungen vorherbestimmt?

Die philosophischen Debatten um die Quantenmechanik enden nicht bei der Natur der Realität; sie erstrecken sich auch auf tiefgreifend menschliche Anliegen, wie das Konzept des freien Willens. Auf den ersten Blick könnte man sich fragen: "Was hat die Physik mit meiner Fähigkeit zu tun, Schokolade statt Vanille zu wählen?" Es stellt sich heraus, dass die Implikationen der Quantenmechanik auch in diese jahrhundertealte philosophische Frage eindringen können.
Im Kern arbeitet die klassische Physik unter einem deterministischen Rahmenwerk. Man kann es sich wie ein kosmisches Billardspiel vorstellen. Wenn man die Anfangsbedingungen kennt – sagen wir die Geschwindigkeit und Richtung jedes Balls auf dem Tisch – kann man theoretisch das Ergebnis mit Sicherheit vorhersagen. Skaliert man diese Idee auf das Universum, ergibt sich eine deterministische Weltsicht: Könnten wir irgendwie die Position und Geschwindigkeit jedes Teilchens im Universum kennen, wären wir in der Lage, die Zukunft vorherzusagen und die Vergangenheit mit absoluter Sicherheit zurückzuverfolgen. Diese Perspektive lässt wenig Raum für freien Willen, da alles vorherbestimmt wäre aufgrund der Anfangsbedingungen des Universums.

Durch die Quantenmechanik, mit ihren verschwommenen Teilchen, Überlagerungen und Wellenfunktionen, die bei Messungen zusammenbrechen, verliert der Determinismus seinen eisernen Griff. In der Quantenwelt kann man nicht genau sagen, wo sich ein Teilchen befindet; man kann nur über Wahrscheinlichkeiten sprechen. Es ist, als wäre unser kosmisches Billardspiel durch eine surreale Landschaft ersetzt worden, in der Bälle gleichzeitig an mehreren Orten sein, verschwinden und wieder erscheinen oder sogar ihre Identität ändern können.
Da die Quantenmechanik eine inhärente Unvorhersehbarkeit in das Gewebe der Realität einbringt, argumentieren einige, dass dies die Tür für freien Willen öffnet. Wenn die Zukunft nicht in Stein gemeißelt ist, sind es vielleicht auch unsere Entscheidungen nicht. Diese Denkweise hat einige dazu veranlasst zu postulieren, dass unser Bewusstsein selbst quantenmechanische Komponenten haben könnte – obwohl, um fair zu sein, diese Idee hochspekulativ und etwas umstritten bleibt.

Doch freuen Sie sich noch nicht zu früh über Ihre neu entdeckte quantenmechanische Freiheit. Andere argumentieren, dass Quantenmechanik, obwohl sie probabilistisch ist, nicht notwendigerweise bedeutet, dass man freien Willen hat. In dieser Sichtweise ist Zufälligkeit nicht dasselbe wie Freiheit. Ihre Entscheidungen sind vielleicht nicht vorherbestimmt, könnten aber immer noch das Ergebnis von zufälligen Quantenfluktuationen sein, was bedeutet, dass Sie nicht wirklich „wählen" in dem Sinne, wie wir es intuitiv verstehen.

Dann gibt es noch eine andere Perspektive: Vielleicht können Quantenmechanik und freier Wille koexistieren, aber nicht auf eine Weise, die wir erwarten würden. Einige Theorien schlagen vor, dass jedes Mal, wenn ein Quantenereignis mehrere mögliche Ergebnisse hat, das Universum „sich spaltet" und für jedes Ergebnis einen eigenen Zweig schafft. Diese Idee, bekannt als die „Viele-Welten-Interpretation", bringt ihre eigenen philosophischen Rätsel mit sich. Wenn jedes mögliche Ergebnis jedes Ereignisses in irgendeinem Zweig des Multiversums tatsächlich stattfindet, was bedeutet dann „Wahl" überhaupt?

Wie Sie sehen: wenn Sie anfangen, sich in dieses Thema zu vertiefen, finden Sie sich am Schnittpunkt von Physik, Philosophie, Neurowissenschaft und sogar Theologie wieder. Jede Disziplin bietet ihre eigenen Erkenntnisse, Fragen und Herausforderungen. Was klar ist, ist, dass die Quantenmechanik uns dazu gebracht hat, Ideen, mit denen wir seit Jahrhunderten ringen, neu zu überdenken und neuen Dimensionen zu altbekannten Fragen hinzuzufügen.

Am Ende bleibt die Frage, ob die Quantenmechanik dazu beitragen kann, das Rätsel des freien Willens zu lösen, offen, aber sie zwingt uns zweifellos dazu, unsere intellektuellen Grenzen zu erweitern und Annahmen zu hinterfragen, die wir vielleicht für selbstverständlich genommen haben. Also das nächste Mal, wenn Sie darüber nachdenken, ob Sie Schokolade oder Vanille wählen, denken Sie daran: Diese scheinbar einfache Wahl könnte ein Fenster zu einigen der verwirrendsten und faszinierendsten Geheimnisse des Universums sein.

Quantenmystik: Der Schnittpunkt von Wissenschaft und Spiritualität

Quantenphysik hat nicht nur Wissenschaftler und Akademiker fasziniert, sondern auch Menschen, die an esoterischen oder spirituellen Themen interessiert sind. Der Begriff "Quantenmystik" bezieht sich auf die Verschmelzung, oder manchmal auch den Zusammenstoß, der Quantentheorie mit Spiritualität, Bewusstsein und sogar der Natur der Existenz selbst. Aber Vorsicht, es ist eine Landschaft, die sowohl mit intellektuellen Goldminen als auch mit potenziellen Fallstricken gefüllt ist.

Die Faszination für Quantenmystik kommt größtenteils von den geistig verwirrenden Implikationen der Quantentheorie selbst – Ideen von Verschränkung, Überlagerung und der Rolle des Beobachters bei der Bestimmung des Zustands der Realität. Diese Vorstellungen klingen unheimlich ähnlich wie einige alte spirituelle Lehren und mystische Erfahrungen. Beispielsweise entspricht die Idee, dass alle Dinge miteinander verbunden sind, der Quantenverschränkung, bei der Partikel, die durch riesige Entfernungen getrennt sind, sofort einander beeinflussen. Oder betrachten Sie die Vorstellung in einigen östlichen Philosophien, dass die Realität nicht fest, sondern fließend und immer veränderlich ist, bis sie beobachtet oder gemessen wird; dies ähnelt der Idee der Quantenüberlagerung, bei der Partikel in mehreren Zuständen existieren, bis sie gemessen werden.
Aber hier wird es kompliziert. Während die Parallelen faszinierend sind, ist es entscheidend, keine voreiligen Schlüsse zu ziehen. Nur weil einige Aspekte der Quantentheorie mit alter Weisheit in Resonanz stehen, heißt das nicht, dass sie dasselbe aussagen. Quantenmechanik operiert auf subatomarer Ebene. Ihre Prinzipien lassen sich nicht notwendigerweise direkt auf unsere makroskopische Welt übertragen, also auf die Ebene der Realität, mit der wir jeden Tag interagieren. Ja, wir bestehen alle aus Partikeln, aber das bedeutet nicht, dass wir auf die gleiche Weise verschränkt sind wie Quantenpartikel.

Das bedeutet jedoch nicht, dass der Dialog zwischen Quantenphysik und Spiritualität einfach abgetan werden sollte. Schließlich suchen beide Bereiche nach dem Verständnis der Natur der Realität und unserer Rolle darin. In diesem Dialog bringen Wissenschaftler strenge Methoden und präzise Messungen ein, während spirituelle Traditionen Jahrtausende von introspektiven Einsichten in das Wesen des Bewusstseins und der Existenz bieten. Jeder hat seine Stärken und seine blinden Flecken.

Der entscheidende Punkt ist, diese Schnittstelle mit intellektueller Ehrlichkeit zu navigieren. Wie der Physiker Richard Feynman berühmt sagte: "Das erste Prinzip ist, dass man sich nicht selbst täuschen darf – und man ist selbst am leichtesten zu täuschen." Ob man nun Quantenphysiker oder spiritueller Suchender ist, das Risiko, sich selbst zu täuschen, ist immer vorhanden, besonders wenn man sich in so schlecht kartografiertes Terrain wie das Verhältnis zwischen Quantenphysik und menschlicher Erfahrung begibt.

Dennoch weist das Interesse an Quantenmystik auf ein tieferes, universelleres Verlangen hin: die Suche nach Sinn in einer Welt, die zutiefst mysteriös und ehrfurchtgebietend ist. Während die Wissenschaft die Grenzen unseres Wissens erweitert, stößt sie auf Fragen, die möglicherweise nicht vollständig innerhalb ihrer bestehenden Rahmen beantwortet werden können. In einer seltsamen Wendung finden wir, dass Wissenschaftler und spirituelle Suchende manchmal ähnliche Fragen aus verschiedenen Blickwinkeln stellen: Was ist die Natur der Realität? Welche Rolle spielt das Bewusstsein? Gibt es eine zugrunde liegende Einheit der Existenz?

Das zunehmende Gespräch zwischen diesen scheinbar unterschiedlichen Bereichen ist ein Zeichen der Zeit und spiegelt eine wachsende Offenheit für interdisziplinären Dialog wider. Es ist jedoch ein Dialog, der Demut, Vorsicht und die Bereitschaft erfordert, die eigenen Vorurteile in Frage zu stellen – Qualitäten, die für jede sinnvolle Erforschung des Unbekannten unerlässlich sind.

Obwohl die Verbindung von Quantenphysik und Spiritualität, oft als "Quantenmystik" bezeichnet, noch viel Reifung benötigt, dient sie als mächtige Erinnerung daran, wie viel wir noch zu lernen haben und wie miteinander verbunden die Suche nach Verständnis sein kann. Schließlich ordnen sich die Geheimnisse des Universums nicht in ordentliche, separate Kästen. Warum sollte unsere Erforschung dieser Geheimnisse das tun?

Die Rolle der Symmetrie in der Quantenmechanik

Symmetrieoperationen: Spiegeln, Drehen und Verschieben

Symmetrie ist nicht nur die ästhetisch ansprechenden Muster, die man in Schneeflocken sieht, oder das Gleichgewicht eines gut gestalteten Stuhls. Im Universum der Quantenmechanik spielt Symmetrie eine bedeutende Rolle, die über reine Ästhetik hinausgeht. Denken Sie an Symmetrie als die geheime Anleitung der Natur, eine Reihe von verborgenen Regeln, die Teilchen vorschreiben, wie sie sich verhalten und interagieren sollen.

Die Grundlagen der Symmetrie in der Quantenmechanik beziehen sich auf Operationen wie Spiegelung, Rotation und Translation. Stellen Sie sich vor, Sie halten ein Molekül in Ihrer Hand. Drehen Sie es wie einen Pfannkuchen – das ist eine Spiegeloperation. Drehen Sie es wie einen Kreisel – das ist Rotation. Bewegen Sie es von Ihrer Handfläche zu Ihren Fingerspitzen – das ist Translation. Das mag kinderleicht klingen, doch in der Quantenwelt können diese Operationen tiefe Wahrheiten darüber enthüllen, wie Partikel und Kräfte miteinander in Beziehung stehen.

Besonders faszinierend ist die Spiegelsymmetrie, auch Parität genannt. In einer perfekten Spiegelwelt sollten sich die Gesetze der Physik genau so verhalten wie in unserer Welt, nur umgekehrt. In den 1950er Jahren entdeckten Physiker jedoch, dass bestimmte subatomare Teilchen diese Regel bei ihrem Zerfall nicht befolgen. Das war damals revolutionär, da es darauf hinwies, dass die Natur eine bevorzugte "Händigkeit" hat und dass Symmetrie gebrochen werden kann. Diese Entdeckung war so bahnbrechend, dass sie einen Nobelpreis erhielt, und sie stellte frühere Annahmen darüber, wie symmetrisch die Gesetze der Physik tatsächlich sind, in Frage.

Rotationssymmetrie ist ein weiteres wichtiges Konzept. Sie ist eng mit der Erhaltung des Drehimpulses verknüpft, einem Prinzip, das Sie vielleicht als den Grund kennen, warum Eiskunstläufer schneller drehen, wenn sie ihre Arme an den Körper ziehen. In der Quantenmechanik manifestiert sich diese Symmetrie auf exotischere Weisen und hilft dabei, das Verhalten von Teilchen und sogar ganzen Galaxien zu bestimmen.

Und vergessen wir nicht die Translationssymmetrie, die Idee, dass die Gesetze der Physik überall gleich sind. Wenn Sie ein Experiment in Ihrem Keller oder auf dem Mars durchführen, sollten dieselben Grundregeln gelten. Diese Symmetrie ist mit der Erhaltung des Impulses verbunden, ein Prinzip, das Sie in Aktion sehen können, wenn Sie auf einem Skateboard fahren und sich von einer Wand abstoßen – je stärker Sie drücken, desto schneller bewegen Sie sich in die entgegengesetzte Richtung.

Aber der Großvater von allen ist die Eichsymmetrie, ein mathematisches Konzept, das den grundlegenden Kräften im Universum, wie dem Elektromagnetismus und den starken und schwachen Kernkräften, zugrunde liegt. Hier wird es etwas komplex, aber im Kern hilft es uns, die Eichsymmetrie zu verstehen, warum diese Kräfte so wirken, wie sie es tun. Es ist quasi das Regelbuch der Natur für fundamentale Teilchen.
Was bemerkenswert ist, ist, dass das Konzept der Symmetrie Physiker oft zur Entdeckung neuer Teilchen führt. Es ist, als würde das Universum ihnen ein Rätsel geben, und die Teile passen nur auf ganz bestimmte Weise zusammen, dank der Symmetrie. Wenn sie ein fehlendes Stück finden, bedeutet das normalerweise, dass es ein neues Teilchen zu entdecken gibt, ein Teilchen, das das gesamte Bild symmetrisch und ausgewogen macht.

Symmetrie ist nicht nur eine theoretische Kuriosität; sie hat auch praktische Anwendungen. Die Gleichungen, die zur Beschreibung elektromagnetischer Felder verwendet werden, beruhen beispielsweise auf symmetrischen Prinzipien. Diese Gleichungen sind entscheidend für Technologien wie MRT-Geräte in Krankenhäusern und die drahtlosen Kommunikationssysteme, die wir täglich nutzen.
Zusammenfassend ist Symmetrie in der Quantenmechanik alles andere als eine triviale Angelegenheit. Sie ist ein Leitprinzip, das unser Verständnis davon prägt, wie sich die kleinsten Elemente im Universum verhalten und interagieren. Sie hilft uns, Sinn in einer Welt zu finden, die oft chaotisch erscheint, und bietet Hinweise und Anhaltspunkte, die Physiker noch entschlüsseln. Wenn wir die Grenzen unseres Wissens erweitern, wer weiß, welche anderen symmetrischen Wunder wir vielleicht noch entdecken werden. Es ist wie eine kosmische Schatzsuche, und Symmetrie ist eine unserer zuverlässigsten Karten.

Erhaltungsgesetze: Von der Symmetrie zur Stabilität

Du weißt, wie es ist, wenn du auf einem Bein balancierst und es sich leichter anfühlt, deine Position zu halten, indem du die Arme ausstreckst? Das ist eine grundlegende Form eines Erhaltungsgesetzes in Aktion. In der Physik, besonders in der Quantenmechanik, sind Erhaltungsgesetze grundlegende Regeln, die das Universum in geordneter Weise am Laufen halten. Diese Gesetze sind eng mit der Idee der Symmetrie verbunden und sagen uns, dass bestimmte Dinge über die Zeit hinweg konstant bleiben müssen, wie Energie, Impuls und Drehimpuls.
Warum sind Erhaltungsgesetze so wichtig? Nun, sie sind ein großer Teil des Grundes, warum das Universum ein stabiler Ort ist. Stell dir vor: Wenn Energie nicht erhalten bliebe, könnten Planeten plötzlich in ihren Umlaufbahnen ohne ersichtlichen Grund schneller oder langsamer werden, was das Leben ziemlich unberechenbar machen würde. Daher kann das Verständnis von Erhaltungsgesetzen sich anfühlen, als würde man einen Schlüssel zur Stabilität des Universums halten.

Beginnen wir mit dem Erhaltungsgesetz der Energie, oft das erste Erhaltungsgesetz, das man lernt. Es besagt, dass Energie nicht erschaffen oder zerstört, sondern nur von einer Form in eine andere umgewandelt werden kann. Diese Idee erstreckt sich auch in die Quantenwelt. Wenn ein Elektron in einem Atom von einem Energielevel zu einem anderen springt, wird der Energieunterschied als Photon, ein Lichtteilchen, freigesetzt oder absorbiert. Die Gesamtenergie vor und nach dem Sprung bleibt gleich, und alles bleibt ausgeglichen.

Die Erhaltung des Impulses sorgt dafür, dass alles reibungslos läuft. Dies kann man auf einem Billardtisch beobachten. Wenn du die weiße Kugel anstößt, überträgt sie ihren Impuls auf die anderen Kugeln, die sich dann in Bewegung setzen. Die Gesamtmenge des Impulses vor und nach dem Zusammenstoß bleibt konstant. In der Quantenmechanik erklärt dieses Prinzip, wie Teilchen bei Kollisionen in Hochenergiephysik-Experimenten interagieren.

Besonders faszinierend ist jedoch die Erhaltung des Drehimpulses. Dieses Gesetz beherrscht die Rotationen und Umlaufbahnen von Planeten, Sternen und sogar Galaxien. Aber im Bereich der Quanten besitzen Teilchen wie Elektronen auch eine Form des Drehimpulses, genannt "Spin." Dies ist kein Drehen im üblichen Sinne; es handelt sich eher um eine Quanteneigenschaft, die beeinflusst, wie sich Teilchen verhalten. Spin ist entscheidend für alles, von der Stabilität der Atome bis hin zur Funktionsweise von MRT-Geräten.

Erhaltungsgesetze geben auch Anlass zu einigen der geheimnisvollsten Phänomene in der Quantenmechanik. Nehmen wir beispielsweise das Erhaltungsgesetz der "Leptonenzahl", das für Teilchen wie Elektronen und Neutrinos gilt. Diese Regel ist so strikt, dass Physiker zur Erhaltung der korrekten Zahlen die Existenz völlig neuer Teilchen vorgeschlagen haben. Es ist, als ob das Universum ein großes, komplexes Puzzle ist und die Erhaltungsgesetze die Richtlinien sind, um sicherzustellen, dass alle Teile perfekt zusammenpassen.

Im Wesentlichen helfen Erhaltungsgesetze, Ordnung in ein ansonsten chaotisches Universum zu bringen. Sie sind wie die Sicherheitsnetze des Universums und sorgen dafür, dass sich Teilchen ordnungsgemäß verhalten. Durch das Studium dieser Gesetze können Wissenschaftler Vorhersagen darüber treffen, wie sich Teilchen verhalten sollten, fehlende Teile im kosmischen Puzzle finden und ein besseres Verständnis dafür entwickeln, warum das Universum so stabil ist, wie es ist. Es ist eine weitere Schicht der faszinierenden Komplexität, die die Quantenmechanik zu unserem Verständnis der Realität beiträgt.

Eichtheorien: Eine verborgene Ebene der Realität

Eichtheorien klingen vielleicht kompliziert, aber sie beschäftigen sich wirklich mit etwas unglaublich Grundlegendem: Wie sich Regeln je nach Standpunkt ändern. Stellen Sie sich vor, Sie befinden sich in einem Raum mit einem Temperaturmesser. Die Temperatur im Raum ist eine Tatsache, richtig? Was aber, wenn jemand anderes auf der anderen Seite des Raumes in der Nähe einer Heizung oder einer Klimaanlage steht? Für diese Person könnte die "Realität" der Raumtemperatur anders erscheinen. Eichtheorien in der Physik sind so ähnlich, aber viel komplexer.

Quantenelektrodynamik: Die Interaktion von Licht und Materie

Quantenelektrodynamik, kurz QED, ist die Theorie, die beschreibt, wie Licht und Materie interagieren, und sie ist ein perfektes Beispiel für eine Eichtheorie in Aktion. Erinnern Sie sich, als Sie ein Kind waren und mit einer Taschenlampe gegen eine Wand in einem dunklen Raum geleuchtet haben? Sie sahen, wie der Lichtstrahl auf die Wand traf, aber haben Sie sich jemals gefragt, was auf fundamentaler Ebene wirklich passiert? Hier kommt die QED ins Spiel. Sie erklärt nicht nur die einfachen Dinge, sondern auch die wirklich seltsamen Interaktionen zwischen Licht (Photonen) und Materie (meist Elektronen), die die klassische Physik nicht ganz erfassen kann.

Stellen Sie sich vor, Sie sehen ein Feuerwerk. In der klassischen Physik würden Sie sagen, dass ein Feuerwerk aufsteigt und in einem farbenfrohen Spektakel explodiert. Aber wenn Sie auf die Quantenebene heruntergehen, sehen Sie eigentlich ein atemberaubendes Tanzspiel von Partikeln und Licht. Elektronen in den Atomen des Feuerwerks absorbieren Energie und setzen sie dann als Photonen - Lichtteilchen - frei. Die QED gibt uns die Regeln für diesen komplizierten Tanz. Sie beschreibt, wie Elektronen Photonen absorbieren und emittieren und wie dieser ganze Prozess von der Quantenmechanik beeinflusst wird.
Was die QED wirklich beeindruckend macht, ist ihre Präzision. Im Ernst, sie ist wie eine Schweizer Uhr der wissenschaftlichen Theorien.
Experimente haben ihre Vorhersagen mit einer Genauigkeit von vielen Dezimalstellen bestätigt. Beispielsweise kann die QED die magnetischen Eigenschaften eines Elektrons mit erstaunlicher Präzision vorhersagen, und jedes Mal, wenn wir es messen, liegt die Theorie genau richtig. Das macht sie zu einer der erfolgreichsten Theorien in der Geschichte der Physik. Das ist nicht nur ein Federschmuck für Wissenschaftler; sie hat auch praktische Anwendungen, wie in der Entwicklung von Lasern und anderen optischen Geräten.

Aber hier wird es ein wenig komplizierter. Licht und Materie sind gleichzeitig wellen- und teilchenähnlich. Photonen können sich wie Teilchen verhalten, die in einem einzigen Punkt konzentriert sind, oder sie können sich wie Wellen ausbreiten. Und bei Elektronen ist es nicht anders. Diese Doppelnatur macht die Mathematik hinter der QED ziemlich knifflig, aber sie ist entscheidend für die Erklärung aller möglichen Phänomene, von der Frage, warum Metalle glänzen, bis hin zu der Frage, warum der Himmel blau ist.

Und vergessen wir nicht die Feynman-Diagramme! Das sind im Grunde genommen Kritzeleien, die Physiker verwenden, um alle möglichen Wechselwirkungen bei einem QED-Ereignis zu verstehen. Jede Linie und jeder Kringel in einem Feynman-Diagramm repräsentiert ein Teilchen oder eine Kraft, und indem man dem Diagramm folgt, kann man herausfinden, was bei einer Wechselwirkung zwischen Licht und Materie passieren sollte. Es ist ein bisschen wie eine Schatzkarte für Physiker.
QED ist eine große Sache, und das nicht nur, weil sie schwer zu verstehen ist. Sie bietet eine unglaublich präzise Art, eine der grundlegendsten Wechselwirkungen im Universum zu beschreiben: den Tanz zwischen Licht und Materie. Und obwohl sie auf Gleichungen und komplexer Mathematik basiert, geht es im Kern der QED um etwas, das uns allen aus unserem täglichen Leben bekannt ist – das Zusammenspiel von Licht und der Welt um uns herum. Wenn wir weiter forschen und Fragen stellen, wer weiß, welche anderen Geheimnisse über das Universum diese unglaubliche Theorie noch aufdecken könnte?
In der Welt der Teilchen und Kräfte kann sich die Art und Weise, wie wir Dinge messen, basierend auf unserem "Maßstab", unserem Standpunkt, ändern. Und hier kommt der Clou: Die Natur kümmert sich nicht um unsere Maßstäbe. Die Natur macht einfach ihr Ding, egal wie wir sie betrachten. Eine Eichtheorie ist daher ein Weg, sicherzustellen, dass die Gesetze der Physik gleich bleiben, auch wenn sich unsere Messmethoden ändern. Es ist so, als würde man sagen, es spielt keine Rolle, wo man im Raum steht; die Durchschnittstemperatur bleibt die gleiche.

Besonders interessant wird es, wenn wir über Kräfte wie Elektromagnetismus oder die Kernkräfte sprechen, die den Atomkern zusammenhalten. Diese Kräfte können durch Eichtheorien beschrieben werden. Nehmen wir zum Beispiel den Elektromagnetismus, der durch etwas namens "Quantenelektrodynamik" oder QED beschrieben wird. Laut QED sitzen Elektronen nicht einfach an einem Ort im Atom; sie schwirren um den Kern herum. Aber trotz all dieser Bewegung ist das Atom selbst ziemlich stabil. Diese Stabilität und die Wechselwirkungen von Elektronen und Licht können wunderbar mit Eichtheorien erklärt werden.
Man könnte sich fragen: "Warum ist diese verborgene Ebene der Realität wichtig für mich?" Nun, Eichtheorien bilden das Rückgrat des Standardmodells der Teilchenphysik, das unsere beste Beschreibung der fundamentalen Teilchen und Kräfte der Natur ist. Ohne Eichtheorien wären wir ratlos, Dinge wie die Funktionsweise von Magneten oder sogar das Leuchten der Sonne zu erklären.

Aber die Reise endet hier nicht. Wissenschaftler versuchen immer noch, die Schwerkraft in dieses Rahmenwerk zu integrieren. Bisher war die Schwerkraft das schwarze Schaf, das sich nicht gut mit der Quantenmechanik verträgt. Sollten wir es jemals schaffen, die Schwerkraft durch eine "Quantentheorie der Schwerkraft" in den Griff zu bekommen, könnte dies zu einigen revolutionären Durchbrüchen führen. Zum Beispiel könnte es uns helfen, das Innere von schwarzen Löchern oder die ersten Momente des Urknalls zu verstehen, Orte, an denen unsere aktuellen Theorien versagen.

Kurz gesagt, Eichtheorien fügen unserem Verständnis des Universums eine weitere Ebene der Komplexität und Eleganz hinzu. Sie helfen uns zu verstehen, warum Teilchen und Kräfte sich so verhalten, wie sie es tun, egal wie wir sie betrachten. Und wenn wir tiefer in diese Theorien eintauchen, wer weiß, welche anderen Ebenen der Realität wir noch entdecken könnten? Es ist, als ob das Universum eine nie endende Zwiebel ist, von der jede Schicht sowohl neue Geheimnisse verbirgt als auch offenbart, und darauf wartet, dass neugierige Köpfe sie zurückziehen und erforschen.

Der Higgs-Mechanismus: Den Teilchen Masse geben

Der Higgs-Mechanismus ist in der Welt der Teilchenphysik in aller Munde, und das aus gutem Grund: Er erklärt, wie Teilchen ihre Masse bekommen. Stellen Sie sich vor, Sie versuchen, durch einen Raum voller Melasse zu gehen. Sie würden einen Widerstand spüren, richtig? So ähnlich funktioniert der Higgs-Mechanismus. Aber anstelle von Melasse sprechen wir hier von einem unsichtbaren Feld, das den gesamten Raum durchdringt. Das ist das Higgs-Feld.

Wenn Teilchen wie Elektronen oder Quarks durch dieses Feld hindurchgehen, interagieren sie damit. Diese Interaktion verlangsamt sie, und diese Verlangsamung gibt ihnen das, was wir als Masse wahrnehmen. Warum ist das so entscheidend? Nun, ohne Masse würden Teilchen einfach mit Lichtgeschwindigkeit herumrasen, was es unmöglich machen würde, dass sie sich zusammenballen und Dinge wie Atome, Moleküle und letztlich auch uns bilden.

Der Higgs-Mechanismus ist Teil des Standardmodells der Teilchenphysik, einer Theorie, die beschreibt, wie die grundlegenden Bausteine des Universums miteinander interagieren. Bis vor Kurzem war das Higgs-Teilchen das fehlende Puzzleteil. Wir hatten Gleichungen dafür, aber keinen tatsächlichen Beweis für seine Existenz. Dann kam der Large Hadron Collider (LHC), der leistungsstärkste Teilchenbeschleuniger der Welt. Im Jahr 2012 verkündeten Wissenschaftler am LHC, dass sie ein Teilchen gefunden hatten, das dem Higgs-Boson sehr ähnlich sah. Das war eine große Sache, vergleichbar mit der Suche nach einer Nadel in einem heugroßen Galaxienhaufen.

Ein faszinierender Aspekt des Higgs-Mechanismus ist, wie er sich in die Welt der Symmetrien einfügt. Erinnern Sie sich an die Eichtheorien, von denen wir sprachen? Nun, ohne das Higgs-Feld würde die Mathematik des Universums nicht ganz aufgehen. Das Higgs-Feld ermöglicht es, dass bestimmte Symmetrien „gebrochen" werden, was die vielfältige Palette an Teilchen schafft, die wir heute sehen. Es ist wie ein Generalschlüssel, der die Komplexität des Universums entschlüsselt.

Ein bisschen Trivia, um Ihre Neugier zu wecken: Sie fragen sich vielleicht, warum es "Higgs"-Mechanismus genannt wird. Es ist nach dem Physiker Peter Higgs benannt, der in den 1960er Jahren einer der mehreren Leute war, die die Idee vorschlugen. Jahrelang war es rein theoretisch, und viele Wissenschaftler hatten ihre Zweifel. Doch Higgs erlebte es, seine Theorie bestätigt zu sehen, was ihm 2013 den Nobelpreis für Physik einbrachte. Der Higgs-Mechanismus ist also nicht nur eine abstrakte Idee, die in Gleichungen eingeschlossen ist; er ist ein Eckpfeiler unseres Verständnisses des Universums. Er erklärt etwas so Grundlegendes, dass ohne ihn das Leben, wie wir es kennen, nicht existieren würde. Außerdem ist es nach wie vor ein Bereich aktiver Forschung. Wer weiß? Vielleicht hat das Higgs-Teilchen noch mehr Geheimnisse zu offenbaren, und ein besseres Verständnis könnte uns zu einem vollständigeren Bild davon führen, wie alles im Universum zusammengefügt ist.

Quantenthermodynamik

Wärme, Energie und Quantenmechanik: Ein komplexer Tanz

Quantenthermodynamik ist der Punkt, an dem sich die Welten von Wärme, Energie und Quantenmechanik treffen, um eine einzigartige Darbietung zu zeigen. Denken Sie daran wie an einen Tanz, aber nicht irgendeinen Tanz – eine komplexe Choreografie, die das Verhalten von Systemen auf extrem kleiner Skala regelt. Das sind Systeme, bei denen selbst die klassische Thermodynamik, die Wissenschaft von Wärme- und Energieübertragung, zu kurz greift, um zu erklären, was wirklich vor sich geht.

Beginnen wir mit den Grundlagen der klassischen Thermodynamik. Wir alle kennen Begriffe wie Temperatur, Wärme und Energie. Nehmen wir zum Beispiel an, Sie lassen eine Tasse heißen Kaffee auf dem Tisch stehen, und mit der Zeit kühlt er ab, nicht wahr? Das ist der Transfer von Wärmeenergie vom Kaffee in seine Umgebung. Das ist gut und schön, wenn wir über makroskopische Systeme wie Kaffeetassen oder Motoren sprechen. Aber die Dinge werden wesentlich komplizierter, wenn wir uns mit einzelnen Partikeln, wie Atomen oder noch kleineren Einheiten, auf Quantenebene befassen.

In solchen Maßstäben gilt die herkömmliche Weisheit nicht immer. Hier können Partikel dank der Quantenüberlagerung gleichzeitig in mehreren Zuständen existieren. In einem klassischen System können Partikel jeweils nur in einem Energiezustand sein, ähnlich wie ein Auto zu einem Zeitpunkt nur in einem Gang sein kann. Aber in einem Quantsystem ist es, als könnte das Auto gleichzeitig in mehreren Gängen sein, was die Dynamik viel komplizierter macht. Diese Komplexität stellt die klassischen Regeln für den Energieaustausch auf den Kopf.

Stellen Sie sich das Konzept von "Quantenwärmemaschinen" vor. In einer traditionellen Wärmemaschine, wie dem Motor Ihres Autos, wird Kraftstoff verbrannt, um Wärme zu erzeugen, die dann Arbeit leistet, indem sie die Kolben bewegt. Aber eine Quantenwärmemaschine würde nach den Prinzipien der Quantenmechanik arbeiten. Anstatt fossile Brennstoffe zu verbrennen, könnten diese Motoren theoretisch Quantenzustände manipulieren, um Arbeit zu verrichten. Wir sind noch nicht so weit in Bezug auf praktische Anwendungen, aber die Möglichkeiten sind umwerfend. Sie könnten zu völlig neuen Arten von Technologien führen, die Effizienz und Energieerzeugung auf Weisen neu definieren, die wir uns kaum vorstellen können.

Es ist, als hätte das Universum versteckte Abkürzungen und Cheatcodes, die nur zugänglich sind, wenn man die Regeln der Quantenwelt versteht. Zum Beispiel haben Sie wahrscheinlich noch nie daran gedacht, dass Ihr Kühlschrank ein Quantengerät ist, aber zukünftige Kühlschränke könnten auf Quantenprinzipien basieren, um Dinge auf eine Weise zu kühlen, die viel effizienter ist als alles, was wir heute haben. Stellen Sie sich einen Kühlschrank vor, der fast keinen Strom verbraucht, aber Ihr Essen noch kälter hält. Klingt wie Science-Fiction, aber die Quantenthermodynamik könnte dies zur Realität machen.

Unter der Quantenmechanik ist das alles theoretisch möglich und verhält sich auf Weisen, die die Gesetze der Physik, wie wir sie kennen, umschreiben könnten. Beispielsweise könnte in einem System mit negativer Temperatur das Hinzufügen von mehr Energie es tatsächlich kälter und nicht heißer machen. Seltsam, nicht wahr?

In der Quantenthermodynamik, die man als das avantgardistische Ballett der Physik betrachten könnte, wird unser Verständnis der natürlichen Welt herausgefordert, indem sie neue Elemente, Bewegungen und Muster in den altersalten Tanz zwischen Wärme und Energie einführt. Dieses Feld ist noch relativ jung, und es gibt noch so viel zu lernen. Aber je tiefer wir in die Quantenwelt eintauchen, desto mehr faszinierende neue Einsichten und Anwendungen warten möglicherweise auf uns.

Quantenfluktuationen und Temperatur: Das Unschärfeprinzip heizt auf

In der Quantenthermodynamik können wir das Konzept der Quantenfluktuationen und deren Interaktion mit der Temperatur nicht ignorieren. Quantenfluktuationen sind im Wesentlichen vorübergehende Veränderungen in der Energiemenge an einem Punkt im Raum als Ergebnis des Unschärfeprinzips. Sie erinnern sich vielleicht an das Heisenbergsche Unschärfeprinzip aus früheren Diskussionen; es sagt uns, dass wir nicht gleichzeitig die Position und den Impuls eines Teilchens mit absoluter Gewissheit kennen können. Diese inhärente Unsicherheit erzeugt Fluktuationen oder 'Wackeln' in der Energie eines Systems.

Nun fügen wir die Temperatur hinzu. Normalerweise verbinden wir höhere Temperatur mit mehr Energie. In einer heißen Tasse Tee beispielsweise bewegen sich die Wassermoleküle wie verrückt, stoßen aneinander; sie haben höhere Energie. Im Reich des Quanten können jedoch Fluktuationen auch bei Temperaturen nahe dem absoluten Nullpunkt auftreten.

Tatsächlich könnten diese Fluktuationen theoretisch in einem perfekten Vakuum stattfinden, das eine Temperatur von absolutem Null hätte, aber aufgrund dieser Fluktuationen nicht energiefrei ist. In gewisser Weise heizt das Heisenbergsche Unschärfeprinzip nicht nur die Diskussion auf, sondern erwärmt auch das Gewebe von Raum-Zeit!

Stellen Sie sich einen ruhigen Teich vor. Jetzt werfen Sie einen Stein hinein. Der Stein stört die Stille und erzeugt Wellen, die sich nach außen ausbreiten. Auf ähnliche Weise erzeugen Quantenfluktuationen „Wellen" im Energie-Feld, und diese Wellen können den Zustand eines Systems beeinflussen. Wenn Sie die Temperatur berücksichtigen, fügen Sie eine weitere Schicht Komplexität hinzu. Diese Wellen können klein oder groß sein, abhängig von der Temperatur, was der Choreografie von Teilchen, die in Quantensystemen tanzen, eine besondere Vielfalt verleiht.

Vielleicht fragen Sie sich, warum das alles wichtig ist? Nun, diese Fluktuationen könnten sehr reale, praktische Auswirkungen haben. Sie könnten beispielsweise eine Rolle bei der Funktionsweise von ultra-empfindlichen Detektoren spielen, die in der Lage sein müssen, Temperaturänderungen in winzigen Maßstäben zu messen. Quantenfluktuationen könnten auch genutzt werden, um Arbeit zu erzeugen, und damit einen neuen Weg für Energieproduktion und -speicherung erschließen, der diese natürlichen Schwankungen nutzt, anstatt auf traditionelle Brennstoffquellen angewiesen zu sein.

Wie sich herausstellt, ist das Unschärfeprinzip also nicht nur eine kuriose Eigenart der Quantenmechanik. Es ist ein entscheidender Akteur in der dynamischen und nuancierten Beziehung zwischen Wärme und Energie auf der Quantenebene. Mit anderen Worten, Unsicherheit ist nicht nur eine abstrakte Vorstellung; sie kann ziemlich „heiß" werden, wenn sie auf die Tanzfläche der Quantenthermodynamik tritt.

Quanten-Motoren: Effizienz auf der Quantenskala neu denken

Wenn wir das Wort „Motor" hören, denken wir normalerweise an große Maschinen wie Autotriebwerke oder Dampfmaschinen, die Brennstoff in Bewegung umwandeln. In der Physik ist ein Motor jedoch alles, was Energie von einer Form in eine andere umwandelt. Das Konzept der Effizienz spielt dabei eine große Rolle; man möchte, dass ein Auto so viel Benzin wie möglich in Bewegung umwandelt, ohne Energie in Form von beispielsweise Wärme oder Schall zu verschwenden. Doch auf der Quantenebene muss unser klassisches Verständnis von Effizienz ein wenig überarbeitet werden. Willkommen in der Welt der Quantenmotoren.

Ein Quantenmotor arbeitet in der Mikrowelt von Atomen und subatomaren Partikeln. Die Idee ist, dass diese Motoren Energie auf der Quantenebene umwandeln können, was effizienter sein könnte als klassische Motoren. Dies ist keine bloße hypothetische Idee. Es wurden tatsächlich reale Experimente mit sogenannten „Quantenwärmekraftmaschinen" durchgeführt, die Quantensysteme nutzen, um mechanische Arbeit zu verrichten. Aber warum sollten Quantenmotoren effizienter sein?

Um das zu beantworten, sprechen wir über Quantenkohärenz, eine einzigartige Eigenschaft, bei der alle Partikel in einem Quantensystem einheitlich handeln. Denken Sie an eine gut koordinierte Tanzgruppe, bei der jeder Tänzer die Bewegungen der anderen mit außergewöhnlicher Präzision nachahmt. Dieses Maß an Harmonie ermöglicht es Quantenmotoren, die Energieverteilung auf eine Art und Weise zu verwalten, die im Vergleich zum chaotischen, individualistischen Verhalten von Partikeln in klassischen Systemen „synchronisierter" ist.
Allerdings müssen wir noch einige Knackpunkte ausbügeln. Quantensysteme sind berüchtigt für ihre Fragilität. Sie können leicht ihre Quanteneigenschaften verlieren, wenn sie mit ihrer Umgebung interagieren – ein Problem, das als "Dekohärenz" bekannt ist. Erinnern Sie sich an die Quantenfluktuationen, über die wir im letzten Abschnitt gesprochen haben? Ja, auch diese könnten die Dinge durcheinander bringen. Selbst kleine Änderungen in einem Quantensystem können seine Effizienz dramatisch beeinflussen. Um also einen Quantenmotor zu bauen, der hohe Effizienzniveaus aufrechterhält, müssten Wissenschaftler ihn vor allen externen Störungen abschirmen – keine leichte Aufgabe!

Ein weiterer zu berücksichtigender Aspekt ist der zweite Hauptsatz der Thermodynamik, der auf allen Ebenen, auch auf Quantenebene, gilt. Er besagt, dass Systeme sich natürlich in Richtung eines Zustandes maximaler Unordnung oder Entropie entwickeln. Wenn man versucht, Quantensysteme zu nutzen, um effiziente Motoren zu erzeugen, stellt der Kampf gegen diese natürliche Tendenz zur Unordnung eine einzigartige Herausforderung dar. Hier könnten Techniken der Quantenfehlerkorrektur, ein Thema, das seinen Ursprung in der Quanteninformatik hat, zur Rettung kommen. Das sind Methoden zur Korrektur von Fehlern oder Störungen in einem Quantensystem, damit es länger kohärent und effizient bleibt.

Im Wesentlichen zeigen uns Quantenmotoren, dass es, wenn es um Effizienz geht, Schichten der Komplexität gibt, die wir gerade erst zu entwirren beginnen. Das Potenzial für extrem effiziente Maschinen, die in der Lage sind, Arbeiten auf einem Niveau auszuführen, das durch klassische Mittel unerreichbar ist, macht dies zu einem unglaublich spannenden Forschungsgebiet. Der Weg mag herausfordernd sein, aber wie wir auf dieser Reise in die Quantenmechanik gesehen haben, führen die verwirrendsten Pfade oft zu den atemberaubendsten Aussichten.

Der Pfeil der Zeit: Entropie in einer Quantenwelt

Der "Pfeil der Zeit" klingt wie etwas aus einem Science-Fiction-Roman, ist aber ein Begriff, den Wissenschaftler verwenden, um die Vorwärtsrichtung der Zeit zu beschreiben. Wenn wir einen Film sehen, in dem sich ein zerbrochenes Glas von selbst wieder zusammensetzt und auf den Tisch springt, ist offensichtlich, dass das Filmmaterial rückwärts läuft. In unserem Universum bewegt sich die Zeit in eine Richtung: vorwärts. Diese Einbahnstraße ist hauptsächlich aufgrund der Entropie, ein Maß für Unordnung oder Zufälligkeit in einem System. Der zweite Hauptsatz der Thermodynamik besagt, dass in einem isolierten System die Entropie im Laufe der Zeit zunehmen wird. Es ist wie eine kosmische Regel, dass die Dinge mit der Zeit chaotischer werden.

Aber was passiert, wenn wir in die Quantenwelt eintreten? Zeigt der Pfeil der Zeit dort immer noch in dieselbe Richtung? Diese Frage ist nicht so einfach, wie sie scheinen mag, denn in der Quantenwelt können einige Prozesse zumindest theoretisch zeitumkehrbar erscheinen.
In der klassischen Physik ist es nahezu unmöglich, natürliche Prozesse umzukehren, wegen der überwältigenden Wahrscheinlichkeit dagegen. Denken Sie an das Mischen von Milch und Kaffee; einmal gemischt, werden sie sich nicht spontan wieder in ihre ursprünglichen Formen trennen, weil es viel mehr Möglichkeiten gibt, dass sie gemischt als getrennt sind. Aber die Quantenmechanik führt einige seltsame Aspekte ein, die einen zum Nachdenken bringen könnten. Aufgrund der Quantenunsicherheit und Überlagerung ist es möglich, dass Partikel gleichzeitig in mehreren Zuständen existieren. Das bedeutet, dass einige Prozesse möglicherweise nicht so „in Stein gemeißelt" sind, wie sie in der klassischen Welt sind. Es ist, als würde man sagen, in der Quantenwelt könnte die Milch gleichzeitig sowohl schon als auch nicht mit dem Kaffee vermischt sein, bis man hinschaut.

Auch in der Quantenmechanik beobachten wir einen Pfeil der Zeit, und die Entropie scheint weiterhin zu steigen. Dies war Gegenstand zahlreicher Studien und Debatten unter Physikern. Einige argumentieren, dass der Grund, warum wir in der Quantenwelt einen Zeitpfeil sehen, darin liegt, dass wir eine „Vogelperspektive" einnehmen, indem wir einen Schritt zurücktreten und Quantensysteme aus einer makroskopischen Perspektive betrachten. Wenn wir das tun, beginnen wir, Dinge zu mitteln, und das seltsame Verhalten der Quanten wird von den Gesetzen der klassischen Physik übertüncht. Die Entropie wächst also weiter, doch die zugrundeliegenden Gründe könnten nuancierter und komplexer sein.

Aber hier kommt eine interessante Wendung: Einige Forscher untersuchen die Idee, dass der Zeitpfeil selbst eine emergente Eigenschaft sein könnte, die aus der Quantenverschränkung entsteht. In einem locker verschränkten Quantensystem scheint sich Information auszubreiten, und diese Ausbreitung von Information könnte uns das Gefühl geben, dass die Zeit in eine bestimmte Richtung vergeht.

Obwohl das Konzept von Zeit, Entropie und ihrer Richtung in unserem täglichen Leben einfach erscheinen mag, wird alles verblüffend schön, wenn wir in die Quantenebene eintauchen. Das Quantenreich fordert unser grundlegendes Verständnis von Zeit heraus und präsentiert uns Paradoxe, deren Lösung Jahrzehnte oder sogar Jahrhunderte dauern könnte. Es ist, als würde die Quantenwelt uns ständig daran erinnern, dass das Universum weit komplexer und faszinierender ist, als wir uns jemals hätten vorstellen können.

Quanten-Phasenübergänge: Wenn viele Teilchen beschließen, sich zu verändern

Wenn Sie jemals Wasser für Nudeln zum Kochen gebracht haben, haben Sie einen Phasenübergang erlebt – den Moment, wenn Wasser von flüssig zu gasförmig wird. Diese Phasenänderungen treten aufgrund von thermischen Fluktuationen auf, die Variationen in Energie und Temperatur sind. Phasenübergänge sind alltägliche Phänomene, die tief in der klassischen Physik verwurzelt sind. Aber die Dinge werden interessant, wenn wir in das Konzept der Quantenphasenübergänge eintauchen, eine Welt, in der viele Teilchen plötzlich entscheiden, ihr Verhalten zu ändern.

Im Gegensatz zu dem kochenden Wasser, das seine Phase aufgrund von Temperaturschwankungen ändert, werden Quantenphasenübergänge von Quantenfluktuationen angetrieben. Dies sind spontane Variationen in Energie und Teilchenanordnung, die aus dem Unschärfeprinzip von Heisenberg resultieren. Nun fragen Sie sich vielleicht: wie "entscheidet" eine Gruppe von Teilchen, eine so einheitliche Änderung vorzunehmen? Nun, die Antwort liegt in der Verbundenheit von Quantensystemen. Stellen Sie sich eine Reihe von Tänzern vor, die sich im Rhythmus bewegen. Wenn ein Tänzer stolpert – selbst leicht – beeinflusst dies die ganze Reihe. Auf ähnliche Weise sind Teilchen in einem Quantensystem miteinander korreliert, besonders wenn wir von Systemen in der Nähe des absoluten Nullpunkts sprechen, wo thermische Fluktuationen minimal sind. Ändert ein Teilchen seinen Zustand, kann dies eine Kettenreaktion auslösen, die zu einer dramatischen Veränderung im Verhalten des gesamten Systems führt.

In einem typischen Material haben Sie Teilchen, die herumwirbeln und so etwas wie ihr eigenes Ding machen, aber auch mit ihren Nachbarn interagieren. Wenn wir einen Parameter verändern – wie ein äußeres Magnetfeld oder Druck – könnte das System eine radikale Veränderung durchlaufen. Es ist, als würden die Tänzer plötzlich einstimmig von einem Walzer zu einem Tango wechseln. Beispielsweise könnte ein Material von einem elektrischen Isolator zu einem Supraleiter werden, der elektrischen Strom ohne Widerstand fließen lässt. Dies ist keine allmähliche Verschiebung; es ist eine plötzliche, kollektive Transformation der Eigenschaften des Materials, vergleichbar mit einer Menschenmenge in einem Stadion, die im perfekten Gleichklang „die Welle" macht.

Das Studium von Quantenphasenübergängen hat tiefgreifende Auswirkungen für das Verständnis komplexer Systeme. Es bietet Einblicke in Phänomene wie Supraleitung, Magnetismus und sogar das Verhalten von Schwarzen Löchern. Und ja, diese Übergänge sind eng mit dem Konzept der Quantenverschränkung verbunden, der „spukhaften" Verbundenheit, über die wir zuvor gesprochen haben. Tatsächlich kann der Grad der Verschränkung während eines Quantenphasenübergangs dramatisch verändern und die Eigenschaften des Systems auf neuartige Weise beeinflussen.

Der faszinierendste Aspekt? Quantenphasenübergänge könnten auch der Schlüssel zur Erschließung neuer technologischer Möglichkeiten sein. Beispielsweise könnten Materialien, die einzigartige Phasen aufweisen, in der Quanteninformatik oder in hochsensiblen Sensoren verwendet werden. Wissenschaftler experimentieren bereits mit verschiedenen Materialien in ultrakalten Laboren, um diese Möglichkeiten zu erforschen. Es ist wie eine Schatzsuche, bei der der Schatz nicht aus Gold oder Juwelen besteht, sondern aus neuen Materiezuständen mit verblüffenden Eigenschaften.

In gewissem Sinne ist das Erforschen von Quantenphasenübergängen wie der Versuch, die geheime Sprache des Universums zu verstehen – eine Sprache, die in den Tanzschritten von subatomaren Teilchen geschrieben ist. Und wer weiß, welche unglaublichen Entdeckungen uns erwarten, wenn wir dieser Sprache näherkommen.

Thermodynamik des Schwarzen Lochs: Der Schnittpunkt von Schwerkraft und Quantenmechanik

Ah, Schwarze Löcher. Diese kosmischen Rätsel werden oft als die ultimativen Müllpressen des Universums angesehen. Sie verschlucken alles – Sterne, Planeten, sogar Licht selbst. Doch was geschieht, wenn wir die Kuriositäten der Quantenmechanik in die bereits verwirrende Welt der Schwarzen Löcher einbringen? Willkommen im Bereich der Thermodynamik Schwarzer Löcher, einem Gebiet, das eine faszinierende Schnittstelle zwischen Gravitation und Quantenmechanik darstellt.

In der klassischen Physik dreht sich bei Schwarzen Löchern alles um die Gravitation. Sie sind Punkte im Raum, an denen die Gravitationskraft so stark ist, dass selbst Licht ihnen nicht entkommen kann. Doch fügt man eine Prise Quantenwürze zu diesem kosmischen Eintopf hinzu, ergeben sich wahrhaft atemberaubende Implikationen. Denn gemäß der Quantenmechanik ist selbst das Vakuum des Raumes nicht leer. Es ist erfüllt von fluktuierenden Quantenfeldern, die Partikel und deren Antiteilchen hervorbringen, die spontan in und aus der Existenz treten. Dies ist als Quantenfluktuation bekannt.

Quantenaktivität in der Nähe des Ereignishorizonts eines Schwarzen Lochs

Die Grenze, jenseits derer nichts entkommen kann. Einige dieser spontan erzeugten Teilchen fallen in das Schwarze Loch, während andere entkommen und dabei dem Schwarzen Loch einen winzigen Teil seiner Energie entziehen. Dieses Phänomen wird als Hawking-Strahlung bezeichnet, benannt nach dem berühmten Physiker Stephen Hawking, der sie zuerst vorschlug. Überraschenderweise bedeutet dies, dass Schwarze Löcher nicht vollständig schwarz sind; sie emittieren Strahlung und können mit der Zeit an Masse verlieren.

Dies führt einen thermodynamischen Aspekt in die Welt der Schwarzen Löcher ein. Thermodynamik ist im Wesentlichen die Lehre von Wärme, Energie und Arbeit. Wendet man thermodynamische Prinzipien auf Schwarze Löcher an, so beschäftigt man sich mit Dingen wie Temperatur und Entropie. Ja, Schwarze Löcher haben eine Temperatur, wenn auch eine sehr, sehr niedrige. Und ihre Entropie – oft mit der Menge der Unordnung in einem System assoziiert – ist proportional zur Fläche ihres Ereignishorizonts. Diese Verbindung zwischen Entropie und Fläche war so verblüffend, dass sie zum sogenannten holografischen Prinzip führte, welches vorschlägt, dass die Informationen über den Inhalt eines Raumvolumens vollständig in seiner Grenze kodiert sein können.

Aber lassen Sie uns nicht leichtfertig darüber hinwegsehen. Die Idee, dass ein Schwarzes Loch eine Temperatur hat und Strahlung emittieren kann, ist bahnbrechend. Warum? Weil sie die Gravitation, die die makroskopische Welt beherrscht, mit der Quantenmechanik, die das subatomare Reich regelt, verbindet. Diese Kreuzung ist wie eine belebte Stadtintersection, an der die Verkehrsregeln aus zwei verschiedenen Städten nahtlos ineinandergreifen müssen, damit alles funktioniert. Es ist ein Bereich aktiver Forschung, da er unser Verständnis der fundamentalen Physik herausfordert. Kann die Gravitation in Begriffen der Quantenmechanik erklärt werden? Oder benötigen wir einen radikaleren Ansatz wie die Stringtheorie oder die Schleifenquantengravitation, um diese divergierenden Rahmen zu vereinen?

Die Thermodynamik Schwarzer Löcher ist nicht nur eine abstrakte intellektuelle Übung; sie hält entscheidende Hinweise für die Zukunft der Physik bereit. Es mag ein weit entferntes Thema erscheinen, das nicht mit Ihrem täglichen Leben zusammenhängt, aber das Verständnis davon könnte der Schlüssel sein, um die größten Geheimnisse des Universums zu entschlüsseln, vom Urknall bis zum letztendlichen Schicksal aller Dinge. Und wer weiß, das Studium, wie Quantenmechanik und Gravitation in extremen Umgebungen wie Schwarzen Löchern koexistieren, könnte sogar Einblicke in technologische Innovationen bieten, die wir uns noch nicht vorstellen können. Faszinierend, oder?

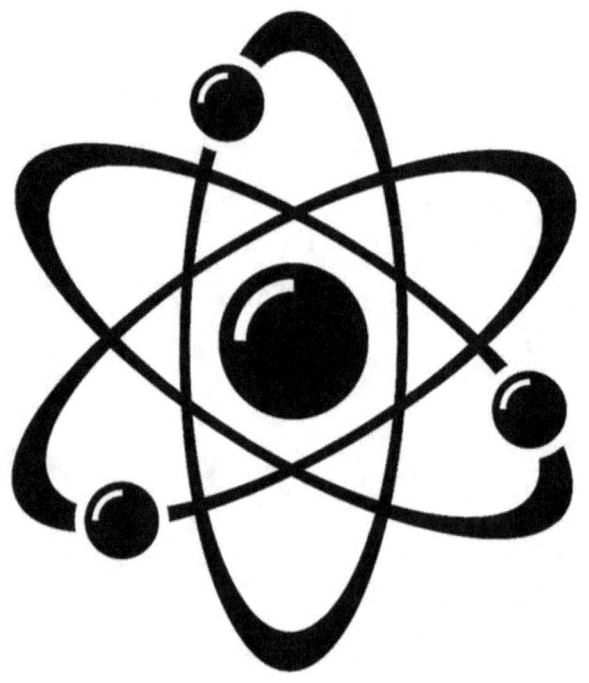

Quantenbiologie: Die Quantengrenze in den Lebenswissenschaften

Wir haben bereits darüber gesprochen, wie die Photosynthese, dieser scheinbar alltägliche Prozess in jedem grünen Blatt, ein bisschen wie die Quantencomputer der Natur ist. Aber es ist nicht nur die Photosynthese, die unser traditionelles Verständnis von Biologie auf den Kopf stellt. Es entsteht ein ganz faszinierendes Feld an der Schnittstelle von Quantenmechanik und Lebenswissenschaften: die Quantenbiologie. Was wäre, wenn ich Ihnen sagen würde, dass einige Vögel die magnetischen Felder der Erde "sehen" können, oder dass Ihr Geruchssinn vielleicht stärker mit der Quantenmechanik verflochten ist, als Sie denken? Das klingt nach Science-Fiction, aber es ist genau das, was Wissenschaftler in diesem aufstrebenden Feld tatsächlich untersuchen.

Photosynthese: Die Quantencomputer der Natur?

Nur um kurz zusammenzufassen, die Photosynthese hat Anzeichen dafür gezeigt, quantenmechanischer Natur zu sein. Wenn ein Photon auf eine Pflanze trifft, kann es ein Exziton erzeugen, das keinen linearen Weg zu seinem Ziel nimmt. Stattdessen erkundet es dank der Quantenmechanik gleichzeitig mehrere Pfade. Es ist, als würde die Pflanze den effizientesten Weg berechnen, um dieses Energiepaket dorthin zu bringen, wo es benötigt wird, fast wie ein Quantenalgorithmus. Das ist überaus faszinierend, denn es eröffnet die Möglichkeit, hoch effiziente Solarzellen zu schaffen, die die Mechanismen der Natur nachahmen. Wir könnten am Rande einer Technologie stehen, die von den Bäumen und Pflanzen inspiriert ist, die wir so oft als selbstverständlich hinnehmen. Ist das nicht etwas?

Aber warum sollten wir bei der Photosynthese haltmachen? Es stellt sich heraus, dass die Wunder der Quantenmechanik möglicherweise viel tiefer in das Gewebe lebender Wesen verwoben sind, als wir jemals erwartet hätten. Wenn Sie jemals vom Spektakel eines Vogelzugs fasziniert waren, sind Sie nicht allein. Eines der aufregendsten Gebiete in der Quantenbiologie ist die Erforschung, wie Vögel wie das Rotkehlchen die Magnetfelder der Erde wahrnehmen können, um weite Strecken zu navigieren.
Die Theorien darüber, wie sie dieses Kunststück vollbringen, sind nichts weniger als verblüffend. Es wird vermutet, dass Vögel ein Molekül in ihren Augen haben, das einen Quantenprozess durchläuft, wenn es von Licht getroffen wird, und die magnetische Empfindlichkeit des Moleküls ändert. Es ist, als hätte der Vogel einen eingebauten Kompass, der von der Quantenmechanik geleitet wird. Wer braucht schon GPS, wenn man quantenverschränkte Moleküle in den Augen hat, nicht wahr?

Und wir dürfen den Geruchssinn nicht vergessen. Kennen Sie das, wenn Sie die Straße entlanggehen und der Duft von frisch gebackenem Brot die Luft erfüllt? Die vorherrschende Theorie war bisher, dass unser Geruchssinn rein mechanisch ist, abhängig von der Passform von Molekülen in Rezeptorstellen in unserer Nase, wie ein Schlüssel im Schloss. Aber das ist nicht die ganze Geschichte. Neuere Theorien deuten darauf hin, dass dabei auch ein Quantenaspekt eine Rolle spielen könnte, der die Schwingungen der Moleküle betrifft. Diese Schwingungen könnten mit unseren Geruchsrezeptoren auf eine Weise interagieren, die vom Quantentunneln abhängt, einem Prozess, bei dem Partikel durch Barrieren wandern, die nach der klassischen Physik undurchdringlich sein sollten.

Was bedeutet das alles also für uns und die Zukunft der Wissenschaft? Wie sich herausstellt, ziemlich viel. Das Verständnis der quantenmechanischen Aspekte biologischer Systeme könnte die Medizin, die Umweltwissenschaften und sogar die Informatik revolutionieren. Es könnte zu präziseren medizinischen Bildgebungstechniken führen, oder zu neuen Medikamenten, die auf Quanteneigenschaften basieren, oder, wer weiß, vielleicht sogar zu einer ganz neuen Welt bio-inspirierter Technologie. Wir kratzen hier gerade erst an der Oberfläche, aber eines ist sicher: Die Grenze zwischen lebenden Systemen und Quantensystemen wird von Tag zu Tag unschärfer, und damit werden die Möglichkeiten für neue Entdeckungen praktisch unbegrenzt.
Enzym-Aktion: Quanten-Tunneling in biologischen Systemen

Enzym-Action: Quantum-Tunneling in biologischen Systemen

In unserem täglichen Leben sind wir auf Enzyme angewiesen, ob wir es nun bemerken oder nicht. Sie sind unverzichtbar für die Verdauung von Nahrung und das Ermöglichen biochemischer Reaktionen im Körper. Aber haben Sie sich je gefragt, wie Enzyme Reaktionen so effektiv beschleunigen? Hier kommt das Quantentunneln ins Spiel, und es ist einer dieser Aspekte, die zeigen, wie die Realität, wie wir sie kennen, in den Hintergrund tritt, wenn die Quantenmechanik das Steuer übernimmt. Damit eine chemische Reaktion stattfinden kann, müssen die Reaktanten normalerweise eine Barriere überwinden, die als "Aktivierungsenergie" bekannt ist. In der klassischen Mechanik ist das so, als würde man einen Ball einen Hügel hinaufrollen; er braucht einen Schub, um die Spitze zu erreichen. Hat er nicht genug Energie, schafft er es nicht. Enzyme wirken, indem sie diesen "Hügel" senken, sodass es für Reaktanten leichter wird, auf die andere Seite zu gelangen und so die Reaktion zu beschleunigen.

Aber das ist noch nicht die ganze Geschichte. Es scheint, dass einige Teilchen nicht einfach über diesen Hügel klettern; sie schummeln, indem sie eine Quantenabkürzung nehmen. Durch das Quantentunneln können Teilchen durch Barrieren hindurchgehen, als wären sie nie da gewesen. Stellen Sie sich vor, Sie wären zu spät zu einem Treffen und könnten einfach durch Wände gehen, anstatt die Treppe oder den Aufzug zu nehmen. So dreist sind diese Teilchen, alles dank der Eigenheiten der Quantenmechanik.

Für Enzyme ist dieser Prozess geradezu umwälzend. Die Fähigkeit des Quantentunnelns ermöglicht bestimmte biochemische Reaktionen, die unter den Regeln der klassischen Physik nicht mit der gleichen Geschwindigkeit und Effizienz ablaufen könnten. Es ist, als hätte das Enzym einen Zaubertrick in der Hinterhand, eine Abkürzung, die nur existiert, weil die Regeln der Quantenwelt so wunderbar bizarr sind. Wir sprechen hier nicht nur von einer geringfügigen Unterschied in der Geschwindigkeit; in einigen Fällen ist die Reaktionsrate Milliarden oder sogar Billionen Mal schneller. Wenn Sie nicht erstaunt sind, sollten Sie es sein.

Besonders faszinierend ist, wie die Evolution die Quantenmechanik möglicherweise genutzt haben könnte. Es gibt anhaltende Diskussionen und Forschungen darüber, ob Enzyme sich so entwickelt haben, dass sie den Einsatz des Quantentunnelns optimieren. Sind diese biologischen Systeme durch natürliche Selektion so geformt worden, dass sie die Eigenheiten der Quantenmechanik ausnutzen? Es ist eine verlockende Frage, die sich am Schnittpunkt von Biologie, Chemie und Physik befindet. Durch das Verständnis, wie Quantentunneln in Enzymen funktioniert, könnten wir potenziell verschiedene Bereiche revolutionieren. Denken Sie an die Medizin, wo neue Medikamente auf der Grundlage eines quantenmechanischen Verständnisses biochemischer Wechselwirkungen entwickelt werden könnten. Oder an die Umweltwissenschaft, wo bessere Katalysatoren uns helfen könnten, sauberere Technologien zu schaffen. Die praktischen Anwendungen sind zahllos, und die Auswirkungen sind weitreichend.

Aber die größte Erkenntnis könnte eine philosophische sein. Wenn die Quantenmechanik eine Rolle in etwas so Grundlegendem wie unserer Biologie spielt, dann sind wir lebendige Beispiele für Quantenphänomene. Das ist ein demütigender Gedanke. Es ist eine Erinnerung daran, dass wir tief mit dem Universum verbunden sind, nicht nur auf makroskopischer Ebene, sondern bis hinunter zu den Partikeln, die uns zu dem machen, was wir sind.

Magnetorezeption: Wie Vögel Quanteneffekte zum Navigieren nutzen

Stellen Sie sich Folgendes vor: Sie sind ein Vogel, der Tausende von Kilometern fliegt, Ozeane und Kontinente überquert, nur um diesen einen besonderen Ort zu finden, an dem Sie überwintern oder brüten können. Wie würden Sie solch weite Entfernungen ohne Karte, Kompass oder GPS navigieren? Hier kommt die Magnetorezeption ins Spiel, ein Sinn, der es Tieren wie Vögeln ermöglicht, das Magnetfeld der Erde zu erkennen und es zur Navigation zu nutzen. Aber es ist nicht so einfach, wie nur einen magnetischen Zug zu spüren. Neuere Erkenntnisse deuten darauf hin, dass diese faszinierende Fähigkeit auf den Eigenheiten der Quantenmechanik beruht. Ja, Sie haben richtig gehört: Vögel könnten winzige Quantenkompasse sein, die durch den Himmel fliegen.

Die Magnetorezeption hat Wissenschaftler lange Zeit vor Rätsel gestellt. Wie kann ein biologisches System so empfindlich auf das schwache Magnetfeld der Erde reagieren? Hier kommt ein spezielles Protein im Vogelauge ins Spiel, das "Kryptochrom" genannt wird. Wenn ein Photon auf das Kryptochrom trifft, kann es eine Kette von Ereignissen auslösen, die den Transfer von Elektronen umfassen. Einfacher ausgedrückt, die Elektronen werden angeregt und springen herum, und das ist der Moment, in dem es quantenmechanisch seltsam wird.

Diese angeregten Elektronen bilden vermutlich das, was als "Radikalpaar" bezeichnet wird. Jetzt kommt der coole Teil: das Verhalten dieses Radikalpaares wird vom Magnetfeld der Erde beeinflusst. Noch cooler? Das Verhalten ist quantenverschränkt. Erinnern Sie sich daran, dass verschränkte Partikel wie telepathische Zwillinge sind, die sich synchron verändern, egal wie weit sie voneinander entfernt sind? Dasselbe quantenmechanische Prinzip wirkt bei den Radikalpaaren im Kryptochrom. Es ist, als hätte der Vogel einen eingebauten Quantensensor, der sich in Echtzeit ständig aktualisiert. Der Vogel "sieht" das Magnetfeld nicht so, wie er einen Baum oder einen See sieht. Es ist eher eine Wahrnehmung, vielleicht ein "Gefühl", das sie in die richtige Richtung leitet. Stellen Sie es sich als eine Art biologische erweiterte Realität vor, in der quantenmechanische Informationen dazu dienen, Navigationshinweise auf die Wahrnehmung der Umgebung des Vogels zu legen.

Aber warum würde die Evolution etwas so Seltsames und Komplexes wie die Quantenmechanik für etwas so Wichtiges wie die Navigation auswählen? Nun, der Vorteil scheint in der Sensitivität und Effizienz zu liegen. Quantensysteme können außerordentlich empfindlich auf Veränderungen in ihrer Umgebung reagieren und dem Vogel dadurch hochgenaue und zuverlässige Navigationsdaten liefern. Wenn man Tausende von Kilometern fliegen muss, zahlt es sich aus, das bestmögliche Navigationssystem zu haben. Und was ist besser als ein durch Millionen von Jahren Evolution feinabgestimmtes Quantensystem?

Stellen Sie sich nun die Anwendungen vor, wenn wir diese Fähigkeit nutzen könnten. Quantennavigation könnte alles von autonomen Fahrzeugen bis hin zu GPS-Apps für Smartphones revolutionieren. Es ist ein aufstrebendes Feld, das sich noch in den Kinderschuhen befindet, aber enormes Versprechen birgt.

Doch vielleicht am erstaunlichsten ist die einfache, aber tiefe Implikation, dass die Quantenmechanik integraler Bestandteil des Lebens selbst sein könnte. Es ist sicherlich ein Gedankenverbieger und bietet ein faszinierendes Beispiel dafür, wie die Regeln, die die kleinsten Partikel im Universum regieren, dieselben Regeln sind, die das Leben auf unserem Planeten auf seinen epischsten Reisen leiten. Das nächste Mal, wenn Sie einen Schwarm Vögel auf ihrem Weg in den Süden zum Überwintern sehen, nehmen Sie sich einen Moment Zeit, um über die Quantenreise zu staunen, auf die sie sich begeben.

DNA und Quantenmechanik: Die Verschlüsselung des Bauplans des Leben

Wenn wir über DNA sprechen, stellen wir uns üblicherweise diese wunderschöne, spiralförmige Leiter vor, die die geheimen Codes enthält, um uns zu dem zu machen, was wir sind. Lange haben wir sie als ein wunderbar komplexes, aber letztendlich klassisches System verstanden. Was wäre, wenn ich Ihnen sagte, dass das Reich der Quantenmechanik möglicherweise auch seine rätselhafte Nase in die DNA-Struktur steckt? Es klingt wie Science-Fiction, aber es gibt glaubwürdige Forschung, die darauf hindeutet, dass die Quantenmechanik eine entscheidende Rolle in der Funktionsweise der DNA spielen könnte.

Zuerst reden wir ein wenig über DNA. Jede Sprosse dieser spiralförmigen Leiter ist ein Paar von Molekülen namens "Nukleotide", und es ist die Sequenz dieser Paare, die die Rezepte für Proteine codiert – die Bausteine des Lebens. Wenn Ihr Körper ein Protein herstellen muss, liest eine komplexe Maschinerie den relevanten DNA-Abschnitt, ähnlich wie ein Scanner, der über einen Barcode läuft, und übersetzt ihn in das Protein. Hier könnte die Quantenmechanik ins Spiel kommen. Der Prozess des 'Lesens' der DNA-Sequenz ist kein einfacher Scan; es ist eine dynamische Interaktion. Die Maschinerie muss die richtige Stelle auf der DNA finden, um die Sequenz zu beginnen. Man würde denken, es sei wie die Suche nach einem Buch in einer riesigen Bibliothek, indem man durch die Gänge geht, eines nach dem anderen. Aber das ist nicht effizient, oder? Nicht für ein biologisches System, das schnell und genau sein muss.

Betrachten Sie "Quanten-Wanderungen", ein Konzept aus der Quantenmechanik, bei dem Partikel sich nicht einfach von einem Punkt zum nächsten bewegen, sondern dank der Überlagerung gleichzeitig in mehreren Zuständen existieren. Stellen Sie sich vor, Sie würden gleichzeitig dutzende Bücher durchblättern, um das zu finden, das Sie suchen. Ein Forschungsbereich namens "Quantenbiologie" schlägt vor, dass Enzyme, die bei der Lesung der DNA beteiligt sind, etwas Ähnliches wie eine Quanten-Wanderung nutzen könnten, um gleichzeitig mehrere mögliche Startpunkte zu scannen. Die Vorteile hierbei? Geschwindigkeit und Effizienz. Anstatt durch reinen Zufall auf den richtigen Ort zu stoßen, könnte dieses Quantenverhalten es der Zellmaschinerie ermöglichen, den Startpunkt viel schneller und genauer zu lokalisieren.

Und vergessen wir nicht die Mutationen, jene kleinen Veränderungen in der DNA-Sequenz, die manchmal zu Krankheiten wie Krebs führen können. Der Prozess, durch den Mutationen entstehen, ist noch nicht vollständig verstanden, aber Quantentunneln könnte eine Rolle spielen. In der Quantenmechanik können Partikel durch Barrieren "tunneln", die in der klassischen Welt undurchdringlich sein sollten. Stellen Sie sich vor, Sie sind in einem Raum eingeschlossen und erscheinen plötzlich außerhalb. Das ist Tunneln. Einige Wissenschaftler vermuten, dass Elektronen in der DNA Quantentunneln nutzen könnten, um von einer Position zur anderen zu springen und so eine Mutation zu verursachen.
Das bedeutet nicht, dass Ihre DNA eine Art Quantencomputer ist, der bizarre Berechnungen durchführt. Vielmehr deutet es darauf hin, dass die Prinzipien, die die kleinsten Teile unseres Universums regieren, in das eigentliche Gewebe des Lebens integriert sind. Es ist, als würde man herausfinden, dass die einfachen Melodien, die man als Kind gelernt hat, tatsächlich Teil einer großen Symphonie sind, die vom Universum selbst komponiert wurde. Diese Ideen befinden sich noch im Forschungsstadium, aber sie eröffnen neue Perspektiven, um das Leben auf seiner grundlegendsten Ebene zu verstehen.

Quantenbewusstsein: Die letzte Grenze oder nur Fantasie?

Ach, das Bewusstsein – ein so kompliziertes Thema, dass sogar seine Definition Gegenstand von Debatten sein kann. Doch was die wissenschaftliche Gemeinschaft heutzutage umtreibt, ist die Frage, ob die Quantenmechanik etwas mit dem Bewusstsein zu tun hat. Sie haben vielleicht schon von "Quantenbewusstsein" gehört, und obwohl es klingt, als käme es direkt aus einem Science-Fiction-Roman, ist es ein Thema, das einige ernsthafte Forscher in Betracht ziehen. Aber bevor Sie sich hinreißen lassen, ist es entscheidend, vorsichtig zu sein; dies ist ein Gebiet voller Spekulationen und intensiver Debatten.

Lassen Sie uns ein wenig tiefer graben, ja? Die meisten Wissenschaftler stimmen überein, dass das Bewusstsein aus komplexen Berechnungen zwischen Milliarden von Neuronen im Gehirn entsteht.
Jedes Neuron ist wie ein winziger Computerchip, und gemeinsam führen sie Berechnungen durch, die sich irgendwie in Gedanken, Gefühle und die ganze Bandbreite menschlicher Erfahrungen übersetzen. Klingt einfach genug, nicht wahr? Nicht ganz. Die klassische Sicht erklärt nicht alles. Zum Beispiel, wie erleben wir subjektive Realitäten oder treffen Entscheidungen? Gibt es einen Punkt in unserem Gehirn, an dem die Entscheidung tatsächlich getroffen wird?
Hier glauben einige, dass die Quantenmechanik ins Spiel kommen könnte, insbesondere mit einer Theorie namens "Orchestrierte Objektive Reduktion" oder Orch-OR. Die Prämisse hier ist ziemlich radikal. Sie schlägt vor, dass in unseren Neuronen kleinere Komponenten namens Mikrotubuli existieren und dass in diesen Mikrotubuli Quantenprozesse stattfinden. Laut dieser Theorie könnten diese Quantenprozesse für Dinge wie Wahl und Bewusstsein verantwortlich sein. Wenn ein Quantenereignis in diesen Mikrotubuli stattfindet, führt es dazu, dass ein Neuron feuert, was zu einer Entscheidung oder einem Gedanken führt.
Auf eine Art ist es eine fesselnde Erzählung, weil sie einen Weg bietet, freien Willen und subjektive Erfahrungen zu erklären. Wenn die Quantenmechanik unsere Gedanken beeinflussen könnte, würde das bedeuten, dass wir nicht nur deterministische Wesen sind – es gibt ein Maß an Unvorhersehbarkeit und Freiheit in unseren Entscheidungen.

Es ist jedoch wichtig, skeptisch zu sein. Viele Wissenschaftler betrachten die Orch-OR-Theorie und ähnliche Ideen bestenfalls als spekulativ, hauptsächlich weil das Gehirn warm und feucht ist und nicht der ideale Ort für empfindliche Quantenzustände, um zu überleben. In der Quantenmechanik bezieht sich der Begriff "Kohärenz" auf die Zeit, die ein Quantenzustand existieren kann, bevor er durch seine Umgebung gestört wird. Und Kohärenzzeiten in der warmen Umgebung des Gehirns wären extrem kurz. Daher scheint die Wahrscheinlichkeit, dass die Quantenmechanik eine Rolle in etwas so Komplexem wie dem Bewusstsein spielt, nach aktuellem wissenschaftlichen Verständnis unwahrscheinlich.

Es gibt noch einen anderen Aspekt zu berücksichtigen. Selbst wenn wir Quantenprozesse im Gehirn fänden, würde das nicht automatisch bedeuten, dass sie für das Bewusstsein verantwortlich wären. Es wäre ein bisschen so, als ob man entdeckt, dass es Elektrizität in Ihrem Computer gibt und dann annimmt, dass die Elektrizität selbst Ihre E-Mails schreibt und Ihre Videospiele spielt.

Ob das Quantenbewusstsein die letzte Grenze oder nur eine Fantasie ist, ist immer noch umstritten. Einige sehen es als letzte Bastion gegen eine vollständig mechanistische Sicht der menschlichen Natur. Andere sehen es als eine Randidee, interessant, aber letztlich eine Sackgasse. Was es sicherlich tut, ist unsere Vorstellungskraft anzuregen und uns über die wunderbare Komplexität sowohl des Bewusstseins als auch der Quantenwelt nachdenken zu lassen. Es ist, als hätten zwei der geheimnisvollsten Dinge in der Existenz möglicherweise einen geheimen Handschlag, den wir noch nicht ganz herausgefunden haben.

Nanotechnologie und Quantenmaterialien

Quantenpunkte: Lichtmanipulation auf der Nanoskala

Stellen Sie sich vor, Sie besitzen ein Aquarellfarbset, bei dem ein einfacher Wasserzusatz es Ihnen ermöglicht, die Intensität oder den Farbton auf Ihrer Palette zu verändern. Nun stellen Sie sich vor, Sie könnten dasselbe Prinzip auf Licht anwenden – seine Farben und Eigenschaften einfach durch Anpassen einiger Teilchen auf mikroskopischer Ebene modifizieren. Das ist kein Tagtraum; es ist die Wissenschaft der Quantenpunkte. Diese winzigen Halbleiter sind so klein, dass ihre optischen und elektronischen Eigenschaften durch die Quantenmechanik geformt werden. Stellen Sie sich die Winzigkeit eines Staubpartikels vor, der nur sichtbar wird, wenn er in einem Sonnenstrahl tanzt, und dann stellen Sie sich vor, er wäre tausendmal kleiner – das ist die Größenordnung eines Quantenpunkts. Trotz ihrer geringen Größe haben Quantenpunkte eine beeindruckende Fähigkeit zur Lichtmanipulation.

Das Tüfteln mit Quantenpunkten gleicht dem Stimmen eines Musikinstruments auf die perfekte Tonhöhe. Die Größe des Punkts bestimmt die Farbe des Lichts: kleinere Punkte emittieren ein blaues Leuchten, mittlere grün und größere strahlen rot. Denken Sie an sie wie an Stimmungsringe, die jedoch statt Temperaturveränderungen ihre Farben entsprechend ihrer Größe verändern.

Die von Quantenpunkten erzeugten Farben sind nicht nur vielfältig; sie sind außerordentlich rein und intensiv. Diese Eigenschaft hat sie zu revolutionären Werkzeugen für die Verbesserung der Display-Technologie von Fernsehern gemacht, was zu Bildschirmen mit unvergleichlicher Leuchtkraft und Farbbrillanz führt. Im medizinischen Bereich werden sie so konstruiert, dass sie leuchten, wenn sie an bestimmte Zellen oder Proteine gebunden sind, und Ärzten ein bisher unerreichtes Maß an Sichtbarkeit in die inneren Mechanismen des Körpers gewähren.

Das faszinierende Aspekt der Quantenpunkte erstreckt sich über ihre chromatischen Fähigkeiten hinaus. Sie existieren in einem Bereich, in dem die klassische Physik nicht immer das Sagen hat. Ihre einzigartigen elektrischen Eigenschaften sind es, was Wissenschaftler nutzen, um fortschrittliche Solarmodule zu entwickeln, die versprechen, einen größeren Teil der Sonnenstrahlen in nutzbare Energie umzuwandeln. Doch der Horizont der Anwendungen von Quantenpunkten erstreckt sich weit darüber hinaus. Stellen Sie sich elektrisch leitfähige Farben, Strom erzeugende Fenster oder Kleidungsstücke vor, die elektronische Geräte aufladen. Die Technologie der Quantenpunkte ist voller Potenzial und verknüpft unsere Beherrschung des Mikroskopischen mit den weiten Aussichten der Innovation.

Indem wir die Materialien von morgen formen, wird deutlich, dass das Quantenreich nicht nur ein Bereich akademischer Neugier ist, sondern ein vielseitiges Werkzeugset. Durch Quantenpunkte lernen wir, dieses Werkzeugset zu nutzen, indem wir mit Licht und Energie auf dem technologischen Teppich unserer Zeit malen. Die Aussichten sind so leuchtend wie die Quantenpunkte selbst, begrenzt nur durch die Grenzen unserer Kreativität und unserer Bereitschaft, in die Weiten des Quantenbereichs einzutauchen.

Graphen: Ein Wundermaterial mit Quantenursprung

Graphen ist zum Superstar der Materialwissenschaft geworden, eine monoatomare Schicht von Kohlenstoffatomen, die in einem Bienenwabenmuster angeordnet sind und bemerkenswerte Eigenschaften aufweisen. Es ist außergewöhnlich stark, über hundertmal mehr als Stahl, und doch erstaunlich leicht – ein Blatt Graphen kann auf einer zarten Blume ruhen, ohne dass sich die Blütenblätter biegen.
Auf der Quantenebene zeigt Graphen außergewöhnliche Verhaltensweisen. Seine Elektronen flitzen herum, als wären sie masselos, und rasen mit nahezu Lichtgeschwindigkeit dahin – eine Eigenschaft, die Graphen eine herausragende elektrische Leitfähigkeit verleiht und herkömmliche Leiter wie Kupfer bemerkenswert effizient übertrifft.

Aber Graphen leitet nicht nur Elektrizität; es ist auch ein Meister der Wärmeverwaltung. Seine überlegene Wärmeleitfähigkeit bedeutet, dass es Wärme leicht abführen kann, was eine Generation von Elektronik ankündigt, die kühler, schneller und energieeffizienter ist.
Die Vielseitigkeit von Graphen erstreckt sich weit über die Elektronik hinaus. Seine beispiellose Stärke in Kombination mit Flexibilität zeichnet eine Zukunft von ultraleichten, kraftstoffeffizienten Fahrzeugen und widerstandsfähigen Gebäuden, die Erdbeben standhalten, indem sie sich biegen statt brechen.
Die potenziellen Anwendungen von Graphen gehen weit über die Verbesserung bestehender Materialien hinaus. Seine atomare Struktur könnte den Weg für revolutionäre Technologien ebnen, wie beispielsweise Entsalzungssysteme für Wasser, die Salze und Unreinheiten effektiver als bisherige Verfahren filtern können, und so potenziell sauberes Trinkwasser weltweit bereitstellen. Die Nachhaltigkeit von Graphen ist genauso vielversprechend wie seine Nützlichkeit. Bestehend aus Kohlenstoff, einem reichlich vorhandenen Element, hebt es sich von Materialien ab, die von knappen Ressourcen abhängig sind, und passt somit zu einem wachsenden Bewusstsein für unseren ökologischen Fußabdruck.

Trotz seines Potenzials ist Graphen nicht ohne Herausforderungen. Die Massenproduktion von hochwertigem Graphen zu erschwinglichen Kosten bleibt ein bedeutendes Hindernis. Darüber hinaus zwingt die Integration in unsere aktuelle technologische Infrastruktur dazu, Fertigungstechniken neu zu erfinden – ein radikaler Schritt hin zur Innovation.

Die Geschichte des Graphens ist ein Zeugnis für die eigenartigen und tiefgreifenden Kräfte der Quantenwelt. Sie fordert unser grundlegendes Verständnis von Materialien heraus und zeigt, dass transformative Innovationen aus den einfachsten Elementen entstehen können – wie Kohlenstoff, uralt und elementar, nun durch das Prisma der Quantenwissenschaft neu gedacht.

Topologische Isolatoren: Quantenzustände und Zukunft der Elektronik

Topologische Isolatoren sind die unbesungenen Außenseiter der Quantenphysik, die still ihre Magie im Hintergrund wirken. Sie sind die rätselhaften Rebellen, deren Verhalten klassische Erwartungen sprengt – im Inneren isolierend, aber an ihrer Oberfläche mit bemerkenswerter Effizienz Strom leitend. Stellen Sie sich einen paradoxen Schokoladenblock vor: unnachgiebiger Kakao im Kern, aber umhüllt von einer dekadenten Schicht schmelzender Milchschokolade.

Die Oberflächen dieser Materialien bieten einen Zufluchtsort für Elektronen, die spezielle Quantenmerkmale aufweisen, insbesondere den 'Spin' – eine Eigenschaft, die im Gegensatz zu ihrem klassischen Namensvetter jedem Elektron ein intrinsisches magnetisches Moment verleiht. In topologischen Isolatoren sind diese Spins während der Bewegung in einer einheitlichen Ausrichtung orchestriert, was sie bemerkenswert vor der typischen Streuung und dem Energieverlust schützt, die konventionelle Materialien plagen.

Stellen Sie sich eine Autobahn vor, auf der Zusammenstöße nicht existieren und Fahrzeuge ungehindert gleiten, unabhängig von der Geschwindigkeit. Elektronen auf der Oberfläche eines topologischen Isolators erleben eine ähnlich reibungslose Reise, die potenziell die Elektronik revolutionieren könnte, indem sie den schnellen, ungehinderten Fluss von Daten ohne Überhitzungsrisiko ermöglicht. Darüber hinaus sind topologische Isolatoren Meister darin, die Quantenzustände von Elektronen aufrechtzuerhalten, ähnlich dem Bewahren von Geheimnissen mit unerbittlicher Treue. Diese Eigenschaft birgt ein enormes Potenzial für das aufstrebende Gebiet des Quantencomputings, wo die Stabilität von Qubits – Quantenbits – von größter Bedeutung ist.

Weit davon entfernt, nur theoretische Kuriositäten zu sein, sind diese Materialien Vorreiter einer technologischen Transformation. Sie versprechen Geräte, die die Ausdauer eines Langstreckenläufers mit der Schnelligkeit eines Sprinters vereinen, alles auf der Basis von Quantenphänomenen.

Die für topologische Isolatoren vorhergesehenen Anwendungen sind so vielfältig wie fantasievoll, von der Spintronik – die den Elektronenspin anstelle der Ladung nutzt – bis hin zu robusten Quantencomputern, die die komplexesten Probleme der heutigen Zeit trivial erscheinen lassen.

Obwohl sie vielleicht nicht den Ruhm von Graphen besitzen, sind topologische Isolatoren zentrale Akteure in der Revolution der Quantenmaterialien, die stillschweigend die technologische Landschaft von morgen formen. Sie sind die dunklen Pferde, die bestimmt sind, unsere elektronische Welt zu revolutionieren und eine Zukunft anzudeuten, in der das Außergewöhnliche alltäglich wird.

Und im Bereich der Wissenschaft, insbesondere der Quantenmechanik, ist die Entdeckungsreise genauso aufregend wie das Ziel. Mit jedem Experiment und jeder Offenbarung lüften wir den Schleier dieser rätselhaften Materialien, kommen der Verwirklichung der Quantenfantasien in unserem Alltag immer näher. Es ist ein entscheidender Moment in der Erforschung des Quantenbereichs, in dem jeder Durchbruch ein Schritt in die Richtung eines immer wunderbareren Horizonts ist.

Nanoscale Engineering: Quanteneffekte in der Materialwissenschaft

Im Bereich der Nanotechnik skalieren wir nicht einfach nur auf kleinere Dimensionen herunter; wir betreten ein Feld, in dem die Quantenmechanik das Steuer übernimmt und Phänomene einführt, die das Wesen der Materialien verändern. Hier ist die Verkleinerung der Größe nicht nur ein Akt der Miniaturisierung – es gleicht der Entdeckung eines exotischen Landes, das von faszinierenden und unbekannten Gesetzen regiert wird. Auf der Nanoskala zeigen Materialien Verhaltensweisen, die der herkömmlichen Weisheit trotzen, fast als wären sie verzaubert. Stellen Sie sich einen alltäglichen Ziegelstein vor, der in Nanogröße Schwerkraft trotzen oder Leuchten ausstrahlen könnte – Phänomene, die selbst die ambitioniertesten Alchemisten verblüfft hätten.

Unter den Leuchttürmen dieses Mikrokosmos befindet sich der Quantenpunkt, der allein durch seine Größe so fein abgestimmt werden kann, dass er präzise Lichtfrequenzen aussendet. Diese Abstimmbarkeit ist vergleichbar mit der Justierung der Tonhöhe einer Gitarrensaite, hat aber im Quantenbereich weitreichende Auswirkungen für die medizinische Bildgebung und die Photovoltaik-Technologie.

Doch Nanotechnik bedeutet mehr als nur das Herumtüfteln an einzelnen Partikeln. Es geht um das Orchestrieren von Atomlagen, um sie zu leitfähigen Wegen für Elektronen zu formen, die mit minimalem Widerstand fließen, oder um Gitter zu formen, die Licht einfangen, um hyper-effiziente Solartechnologien zu ermöglichen.

Diese mikroskopische Handwerkskunst hat das Potenzial, unsere alltägliche Technik zu revolutionieren, von superschnell ladenden Batterien bis hin zu Computern mit bisher unerreichten Geschwindigkeiten. Wir verbessern nicht nur bestehende Technologien; wir stellen sie uns neu vor.

Stellen Sie sich einen LEGO-Bausatz vor, bei dem sich das Verhalten der Bausteine je nach Zusammenbau ändert. Das ist Nanotechnik – akribisch und manchmal unvorhersehbar aufgrund von Quanteneigenheiten. Doch wenn die Teile passen, entstehen Materialien, die für spezifische, oft bahnbrechende Aufgaben zugeschnitten sind. Nanotechnik ist ein Abenteuer voller Zufälle und Entdeckungen, das menschlichen Erfindungsgeist feiert und die Grenzen des Machbaren erweitert. Es ist eine Reise, die weniger darum geht, Geräte zu verkleinern, sondern vielmehr darum, die grundlegenden Kräfte der Natur zu nutzen, um Innovationen zu schaffen.

Willkommen im Mikroversum, wo Quanteneffekte dominieren und die Kraft des Atoms Nanometer für Nanometer genutzt wird. In diesem Bereich könnte der nächste monumentale Durchbruch etwas außergewöhnlich Kleines sein. Und hierin liegt der Reiz der Quanten: Die tiefgreifendsten Veränderungen erfordern oft Denken im kleinsten Maßstab.

Quantenkohärenz in biologischen Systemen: Jenseits der Quantenbiologie

Quantenkohärenz in biologischen Systemen führt uns über die traditionellen Grenzen der Quantenbiologie hinaus in eine Erzählung, die aus den Seiten eines Sci-Fi-Romans stammen könnte. Es geht nicht nur um die grundlegenden Bestandteile des Lebens; es ist die subtile Präsenz der Quantenmechanik in lebenden Organismen, wo sich die konkreten Regeln der Biologie mit der probabilistischen Natur der Quantenphysik vermischen.

Historisch gesehen wurden Quantenphänomene ausschließlich dem kalten Vakuum des Weltraums oder der kontrollierten Umgebung von Laboren zugeschrieben, doch es stellt sich heraus, dass die Natur diese Quantenprinzipien möglicherweise leise im geschäftigen Umfeld lebender Zellen nutzt. Die Entdeckung der Quantenmechanik in der Biologie ist wie das Aufdecken einer verborgenen Magieschicht im Alltäglichen – eine Erkenntnis, die ebenso erstaunlich wie wahr ist.

Betrachten Sie die Quantengrundlagen der Photosynthese. Sie ist mehr als nur ein chemischer Prozess, sondern eine Quantenchoreografie. Innerhalb des grünen Laubs navigieren Photonen mit bemerkenswerter Effizienz durch molekulare Labyrinthe, möglicherweise unter Ausnutzung der Quantenkohärenz. Unter Anrufung des Superpositionsprinzips scheinen diese Photonen gleichzeitig mehrere Wege zu erkunden, um schließlich den effizientesten Weg in einer Darstellung quantenmechanischer Entscheidungsfindung zu wählen. Dann gibt es den europäischen Rotkehlchen, bekannt für seine Langstreckennavigation, die mit dem Erdmagnetfeld ausgerichtet ist. Faszinierenderweise scheint die Quantenverschränkung eine Rolle in seiner Navigationskunst zu spielen, wobei Moleküle im Gehirn des Vogels als Quantenkompass wirken und ihm ermöglichen, magnetische Felder mit außergewöhnlicher Präzision zu 'visualisieren'.

Die Implikationen der Quantenbiologie sind tiefgreifend für menschliche Innovationen. Die Nachahmung der quantenunterstützten Navigation des Rotkehlchens könnte zu fortschrittlichen Sensoren führen, während die Nachbildung der Quanteneffizienz der Photosynthese zukünftige Generationen von Solarzellen hervorbringen könnte. Diese Bestrebung übersteigt die bloße Imitation der Natur; es geht darum, die rätselhaften Quantenphänomene zu nutzen, auf die sich die Natur selbst verlässt. Quantenbiologie erweitert nicht nur unser Verständnis des Lebens, sondern löst auch die Grenzen auf, die das Lebende vom Quantenbereich trennen. Sie schlägt ein alternatives Set von Prinzipien vor, nach denen das Leben funktionieren könnte, und verwebt Quantenkohärenz mit dem Wesen biologischer Prozesse.

Wenn wir diese Erkundung der Quantenbiologie abschließen, erinnert sie uns an die rätselhafte und exquisite Natur der Realität. An der Schwelle solcher Entdeckungen ist die Vorfreude auf die Geheimnisse, die wir als nächstes enthüllen werden, aufregend. Die Erzählung der Quantenkohärenz in der Biologie beginnt sich gerade erst zu entfalten, und die Wunder, die auf uns warten, versprechen so fesselnd zu sein wie die Reise selbst. Bleiben Sie fasziniert, denn oft offenbart der Kosmos seine tiefsten Geheimnisse in den kleinsten Details.

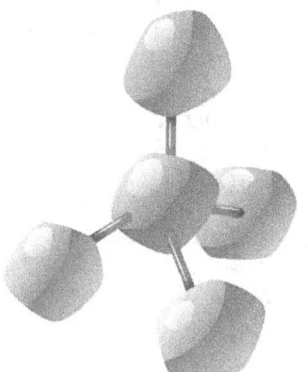

Kosmologie und Quantenmechanik

Das frühe Universum: Quantenfluktuationen und die kosmische Landschaft

Wenn wir in den Nachthimmel blicken, sind wir nicht nur Beobachter der Sterne; wir werden zu Voyeuren der antiken Geschichte. Wenn wir uns der Konzeption des Universums nähern, einem Reich, in dem die Zeit selbst noch jung war, begegnen wir einer Szene, die weit entfernt von jeder bekannten Kinderstube ist. Hier war die Quantenmechanik nicht nur bei der Geburt des Kosmos präsent – sie webte kunstvoll das Gewebe der Realität.

In den winzigen Bruchteilen einer Sekunde nach dem Urknall war das Universum in einen Raum weniger als die Größe eines Atoms kondensiert. Dies ist eine Ära, die jeder konventionellen Beschreibung trotzt, in der die Quantenmechanik die kosmische Ordnung diktierte und durch Quantenfluktuationen die Samen für Galaxien, Sterne und letztendlich das Leben selbst pflanzte.
Diese Fluktuationen waren winzige, zufällige Variationen in der Dichte des Energiefeldes des Universums. Doch als das Universum eine rasche Expansion, bekannt als Inflation, durchlief, wurden diese kleinen Störungen vergrößert und manifestierten sich schließlich als die weiten kosmischen Strukturen, die den Nachthimmel bevölkern. Um sich dies vorzustellen, denken Sie an eine kleine Kritzelei auf einem Ballon, die sich zu komplexen Mustern ausdehnt, wenn der Ballon aufgeblasen wird.
Warum ist das bedeutend? Ohne diese quantenmechanischen Ursprünge hätte der Kosmos zu homogen sein können, zu frei von den notwendigen Komplexitäten, die für die Bildung von Strukturen wie Galaxien und Planeten erforderlich sind. So wie ein Bildhauer die Nuancen und Texturen innerhalb eines Marmorblocks benötigt, um ein Meisterwerk zu schaffen, brauchte das Universum die quantenmechanischen Unregelmäßigkeiten, um die Himmelskörper zu formen, die wir heute beobachten.

Das Gewebe des Kosmos, mit jeder Galaxie und jedem Sternensystem, ist im Wesentlichen ein Meisterwerk der quantenmechanischen Kunstfertigkeit. Wenn wir tiefer in die Beziehung zwischen Quantenmechanik und Kosmologie eintauchen, kommen wir der Lösung der tiefgründigen Rätsel unserer Existenz und des letztendlichen Schicksals des Universums näher.
In der Welt der Kosmologie existiert ein Paradoxon: In den Weltraum zu blicken, bedeutet, in die Vergangenheit zu schauen. Die Photonen, die von fernen Sternen unsere Augen erreichen, haben ihre Reise lange vor Beginn der menschlichen Geschichte angetreten. Sterne zu beobachten überschreitet somit die Zeit, bietet Einblicke in die ferne Vergangenheit des Universums – eine Reise, die durch die Prinzipien der Quantenmechanik und der kosmischen Evolution möglich gemacht wird.

Bei dieser Erkundung der Quantenkosmologie zerlegen wir nicht nur Theorien; wir verfolgen die Abstammung des Kosmos selbst. Die Erzählung unseres Universums entfaltet sich aus winzigen quantenmechanischen Anfängen, orchestriert ein Epos von den kleinsten Quantenfluktuationen bis zu den majestätischen Himmelskörpern, die uns umgeben. Es ist ein Zeugnis für die Eleganz des Universums, dass seine großartigsten Merkmale von den winzigsten Kräften geformt wurden.

Dunkle Materie und Quantenphysik: Auf der Suche nach dem Unsichtbaren

Verstecken spielen in völliger Dunkelheit bietet einen vertrauten Nervenkitzel; die Gewissheit, dass jemand in der Nähe, aber unsichtbar ist, fordert uns heraus, uns auf andere Sinne als das Sehen zu verlassen. Stellen Sie sich dieses Spiel auf einer kosmischen Ebene vor, wo Astrophysiker nicht nach versteckten Freunden, sondern nach dunkler Materie suchen. In dieser großen Suche könnte die Quantenphysik sehr wohl die Laterne im Dunkeln sein.

Dunkle Materie, ihrem Namen treu, weigert sich, sich direkt zu offenbaren. Sie strahlt kein Licht aus, keine Energie, die von unseren Teleskopen erkennbar wäre, und bleibt im traditionellen Sinne unsichtbar. Doch ihre Anwesenheit wird durch die gravitationellen Anomalien verraten, die sie verursacht: Galaxien drehen sich mit unerklärlicher Kraft, und galaktische Cluster halten zusammen, obwohl sie auseinandergerissen werden sollten. Wir erkennen die Silhouette der dunklen Materie nicht an ihrem Aussehen, sondern an den kosmischen Spuren, die sie hinterlässt.

Bei der Suche nach dunkler Materie auf konventionelle Physik zu setzen, ist zwecklos, vergleichbar damit, Radiowellen mit einem Netz einfangen zu wollen. Dunkle Materie interagiert mit keinem Teil des elektromagnetischen Spektrums; sie erfordert einen subtileren Ansatz. Die Quantenphysik, die das Verhalten von Teilchen im kleinsten Maßstab bestimmt, wird zur Sprache, die wir sprechen müssen, um das Undetektierbare zu erfassen. Mit Quantendetektoren, empfindlich für die leisesten Signale und oft tief unter der Erde versteckt, um kosmische Störungen zu vermeiden, versuchen wir, die schwachen Kommunikationssignale der dunklen Materie abzuhören.

Das Rätsel vertieft sich mit der Möglichkeit, dass dunkle Materie keine singuläre Entität ist, sondern ein Spektrum von Teilchen, vielfältig in Masse und Interaktion. Theoretische Physiker, bewaffnet mit der Mathematik der Quantenmechanik, bemühen sich, die Natur der dunklen Materie innerhalb des komplexen Geflechts von Gleichungen zu entschlüsseln.

Die Herausforderung ist gewaltig; es ist die Suche nach einem subtilen Flüstern inmitten der Kakophonie des Universums. Jedes andere kosmische Ereignis übertönt die Signale, die wir von der dunklen Materie suchen. Dieses Rauschen zu filtern, um das leise Summen der dunklen Materie zu isolieren, ist eine mühsame Aufgabe.

Die Quantenphysik, in ihrem Bestreben, die dunkle Materie zu erfassen, verspricht mehr als nur eine Lücke in unserem Verständnis zu schließen. Sie verspricht ein tieferes Verständnis der Struktur des Kosmos und vielleicht die Offenbarung neuer, unerforschter Physik. Wir befinden uns mitten in einer sich entfaltenden kosmischen Detektivgeschichte, Teilnehmer an einem epischen Entdeckungszug.

Der Tag, an dem wir es schaffen, die dunkle Materie zu „markieren", wird einen transformativen Moment in unserer kosmischen Reise markieren. Eine solche Entdeckung wird nicht nur ein weiterer Meilenstein in der Wissenschaft sein; sie wird unsere Wahrnehmung des Universums revolutionieren. Mit jeder neuen Entdeckung, die die Quantenphysik bringt, gewinnt unsere Vision des Kosmos eine neue Tiefe. So beobachten wir mit angehaltenem Atem, wie die Geheimnisse des Universums sich weiter entfalten, mit der Quantenphysik an der Spitze in diese unerforschten Gebiete.

Quantengravitation: Die Suche nach dem Verständnis von Raum und Zeit auf der Planck-Skala

Stellen Sie sich vor, Ihr Familienfoto ist ein Mosaik aus Pixeln. Zoomen Sie hinein, und jeder Pixel trägt zum Gesamtbild bei. Übertragen Sie nun dieses Konzept auf Raum-Zeit. Auf der Planck-Skala, unvorstellbar klein, wird das uns vertraute glatte Porträt von Raum-Zeit zu einer chaotischen, quantenmechanischen Leinwand.

Diese Skala, ein winziger Bruchteil eines Zentimeters geteilt durch eine Zahl mit 34 Nullen, ist dort, wo die herkömmlichen Gesetze der Gravitation, wie von Einstein formuliert, ins Wanken geraten. Hier ist die Raum-Zeit nicht mehr ein ruhiger Teich, sondern ein stürmisches Meer, was darauf hindeutet, dass die Prinzipien der Quantenmechanik ins Spiel kommen müssen. In diesem Bereich taucht das Rätsel der Quantengravitation auf.

Quantengravitation strebt danach, die Gravitation mit der Quantenmechanik zu vereinbaren. Sie ist essentiell, denn ohne sie ist unser Verständnis des Universums unvollständig. Derzeit haben wir zwei getrennte Regelwerke: die Allgemeine Relativitätstheorie für die Gravitation und das Standardmodell für die Quantenmechanik. Sie sind wie Anweisungen in inkompatiblen Sprachen, denen ein gemeinsamer Rahmen fehlt.

Das Rätsel der Gravitation wird durch ihre relative Schwäche verstärkt. Innerhalb des Quantenbereichs ist die Gravitation ein Flüstern inmitten einer Kakophonie, übertönt von der Symphonie stärkerer Kräfte. Während die Quantenmechanik mit Elektromagnetismus und den starken und schwachen Kernkräften im Standardmodell vereinigt wurde, bleibt die Gravitation störrisch alleinstehend.

Jahrzehnte der Suche haben Theorien wie die Stringtheorie hervorgebracht, die Punktteilchen durch eindimensionale Saiten ersetzt, deren Schwingungsmodi das Geheimnis der Quantengravitation entschlüsseln könnten. Alternativ stellt die Schleifenquantengravitation Raum-Zeit als ein Gewebe aus Schleifen dar, ein Netz, aus dem das Universum entsteht.
Trotz der Brillanz der diesem Ziel gewidmeten Köpfe bleibt eine vollständige Theorie der Quantengravitation noch außer Reichweite, als sei es ein Rätsel, das ein geheimes Codewort erfordert, das wir noch nicht entdeckt haben. Die Lösung dieses Rätsels könnte unsere Wahrnehmung der Realität revolutionieren und ein neues Kapitel in den Annalen der Physik eröffnen.

Die Suche nach Quantengravitation vereint Philosophie mit Physik. Sie vertieft sich in das Wesen der Realität, der Zeit und des Kosmos selbst – Fragen, die einem Fisch gleichen, der über die Natur des Wassers sinniert. Dieses Studium ist nicht nur akademisch; es ist eine Odyssee, die Chronik unserer Suche nach dem Verständnis des Gewebes der Existenz. Während wir in dieser wissenschaftlichen Sage voranschreiten, denken Sie daran, dass jeder neugierige Blick in den Nachthimmel ein Schritt ist, um die tiefsten Geheimnisse des Universums zu entwirren. Die Suche nach der Quantengravitation ist ein Zeugnis unseres angeborenen Dranges, das Unbekannte zu erforschen – und wer weiß, welche tiefgründigen Geheimnisse uns jenseits des Horizonts unseres aktuellen Wissens erwarten.

Das Informationsparadoxon: Schwarze Löcher und Quantenentropie

Stellen Sie sich ein Buch vor, beladen mit komplexen Erzählungen und facettenreichen Charakteren, jede Seite ein Teppich aus Geschichten. Dann stellen Sie sich vor, dieses Buch hört einfach auf zu existieren, ohne ein Echo seiner Präsenz zu hinterlassen. Diese bildhafte Analogie spiegelt das Rätsel der Schwarzen Löcher wider, ein Thema, das sowohl die Neugier von Physikern als auch die Gedanken von Science-Fiction-Autoren entfacht hat.

Schwarze Löcher, die rätselhaften Verschlinger des Universums, sind Bereiche extremer Gravitation, die alles einfangen, einschließlich Licht. Das Rätsel vertieft sich, wenn man das Schicksal der Information betrachtet – die quantenmechanischen Details von Partikeln und ihren Interaktionen –, die in ein Schwarzes Loch fällt. Die Quantenmechanik postuliert, dass Information nicht verloren gehen soll; sie ist so konserviert wie Energie in einem isolierten System. Doch Objekte, die in ein Schwarzes Loch eintreten, scheinen unwiederbringlich zu verschwinden, was zum Informationsparadoxon führt.

Information im quantenmechanischen Sinne ist die letztendlich beständige Entität, im Gegensatz zu den vergänglichen Daten in unseren elektronischen Geräten, die sich verschlechtern können. Das Rätsel, das Physiker verwirrt, ist das Schicksal der Quanteninformation, die von einem Schwarzen Loch verschlungen wird. Hört sie einfach auf zu existieren, oder gibt es eine andere Erklärung?

Einige vermuten, dass Informationen auf dem Ereignishorizont eines Schwarzen Lochs, dem Punkt ohne Wiederkehr für Materie und Licht, aufgeprägt sind. Andere schlagen vor, dass sie in das Gewebe der Raum-Zeit selbst eingewoben wird, möglicherweise heraussickernd, wenn das Schwarze Loch Hawking-Strahlung emittiert, ein Konzept, das von Stephen Hawking eingeführt wurde.

Spekulativere Theorien behaupten, dass Informationen möglicherweise anderswo übertragen werden, möglicherweise in einen entfernten Bereich unseres Universums oder sogar in ein anderes Universum kopiert werden, was auf ein holografisches Prinzip hindeutet, bei dem unsere wahrgenommene Realität eine Projektion von einer zweidimensionalen Ebene ist.

Die Lösung dieses Paradoxons hat Implikationen, die weit über die intellektuelle Neugier hinausgehen. Sie steht dafür, unser Verständnis der Quantengravitation zu vertiefen und uns an eine Theorie von allem heranzuführen, die Quantenmechanik mit der allgemeinen Relativitätstheorie verbindet. Dies ist nicht nur eine Übung in theoretischer Physik; es ist eine philosophische Expedition, die das Wesen der Realität selbst erforscht.

Während wir dieses Reich erkunden, stellen wir Fragen, die die Grenze zwischen Philosophie und Wissenschaft überspannen. Wir werden herausgefordert zu überlegen, ob unsere sinnlichen Erfahrungen die Gesamtheit des Universums erfassen oder nur ein Fragment eines breiteren und eigenartigeren Kosmos. Die Lösung des Informationsparadoxons hat das Potenzial, nicht nur unser Wissen zu erweitern, sondern auch, wie wir den Kosmos begreifen, zu transformieren.

Entropie und der Wärmetod des Universums: Eine Quantenperspektive

Das Konzept des Wärmetods des Universums steht als ein Flüstern am Rande menschlichen Verständnisses und deutet auf ein ultimatives Ende hin, nicht in Feuer, sondern in Stille – einen Punkt, an dem der Kosmos einem Zustand maximaler Entropie erliegt. Dieses theoretische Finale tritt ein, wenn Energie so gleichmäßig verteilt ist, dass keine weitere Arbeit mehr möglich ist, keine neuen Sterne entzünden und die Möglichkeit des Lebens erlischt. Dieser stille, unaufhaltsame Abstieg in kosmische Uniformität ist ein Szenario, das vom zweiten Hauptsatz der Thermodynamik vorhergesagt wird.

Entropie ist ein Maß für Unordnung, ein Konzept, das in der Abkühlung von Kaffee und der Unordnung eines ungepflegten Raumes beobachtet werden kann. Das Universum scheint für einen immer weiter steigenden Zustand der Entropie bestimmt. Was Entropie faszinierend macht, ist ihre doppelte Bedeutung sowohl im makroskopischen Bereich der klassischen Thermodynamik als auch in der subatomaren Welt der Quantenmechanik.

Im Quantenbereich umfasst Entropie nicht nur die Unordnung von Partikeln, sondern auch die Unbestimmtheit ihrer Zustände. Es ist vergleichbar mit einem Beutel unzähliger bunter Murmeln, die so gründlich vermischt sind, dass einzelne Farben in der Unklarheit verschwimmen. Die Quantenbeschreibung des Universums führt die Wellenfunktion ein, einen komplexen Ausdruck aller möglichen Zustände, die ein System einnehmen kann. Durch diese quantenmechanische Linse ist Entropie mehr als ein Maß für Chaos; sie spiegelt die Tiefe unserer Unwissenheit über die mikroskopischen Details des Universums wider.

Die Quantenmechanik zeigt, dass, während das Universum sich unter dem Einfluss dunkler Energie ausdehnt, Partikel weiter auseinanderdriften und kosmische Isolation verkörpern. Sterne erschöpfen ihren nuklearen Brennstoff, Galaxien entfernen sich voneinander, und Schwarze Löcher schwinden durch Hawking-Strahlung. Doch selbst in dieser eisigen Weite halten Quantenfluktuationen an – Partikel, die kurzzeitig in die Existenz blinzeln, bevor sie im Nichts verschwinden.

Aber lassen Sie uns eine radikale Neuerfindung unterhalten: Was, wenn die Fortschritte des Universums zum Wärmetod nicht ein Ende, sondern eine Metamorphose sind? Entstehende Theorien spekulieren, dass, während das Universum sich in unerkennbare Weiten ausdehnt, physikalische Gesetze neuen Paradigmen weichen könnten oder ganz neue Universen aus dem Quantenschaum entstehen könnten. Solche Ideen gehen über die aktuelle wissenschaftliche Validierung hinaus, verkörpern jedoch unseren unermüdlichen Drang, Licht in der kosmischen Dämmerung zu erkennen.

Dieses Konzept zu erkunden, ist nicht nur eine akademische Übung; es ist ein Vorstoß in die tiefgründige philosophische Diskussion über Zeitlichkeit, Energie und das Schicksal von allem, was ist. Unsere Reise zu den Grenzen der Quantenphysik konfrontiert uns nicht nur mit der vergänglichen Essenz der Ordnung, sondern umarmt auch den unaufhaltsamen Drang zur Entropie und unterstreicht die große, terminale Symphonie des Universums.

Schlussfolgerung

Und so kommen wir zum Ende einer Reise durch Quantenlandschaften, begegnen verschränkten Teilchen, hinterfragen das Gewebe der Realität selbst und tauchen in die Falten menschlichen Denkens ein. Es war eine Reise, die nicht nur durch Gleichungen und Partikel führte, sondern auch durch die philosophischen Korridore des menschlichen Verständnisses. Was haben wir gelernt? Erstens, dass Quantenmechanik nicht nur eine esoterische Wissenschaft für Akademiker ist. Sie ist eine Entdeckungsfront, die das Potenzial hat, alles, was wir wissen, neu zu formen – nicht nur über das Universum, sondern auch über uns selbst. Von den praktischen Auswirkungen wie schnelleren Computern und bahnbrechenden Gesundheitsversorgungen bis hin zu den theoretischen, die unser Verständnis der Realität an ihre Grenzen bringen, ist das Quantenreich eine Schatztruhe voller Möglichkeiten.

Wir haben die harmonische Verbindung von Symmetrie und Stabilität in der Quantenmechanik erkundet, einen Blick auf das zarte Gleichgewicht geworfen, das unsere Welt zusammenhält. Wir haben auch gesehen, wie diese subatomare Welt das tägliche Leben beeinflusst, wie die Quantenmechanik in der uns umgebenden Natur und möglicherweise sogar in unserer eigenen Biologie eine Rolle spielt. Wir haben die Herausforderungen und ethischen Fragen untersucht, die Quantentechnologien mit sich bringen, insbesondere im Bereich der Cybersicherheit. Es ist eine Dualität, wie viele Dinge in der Quantenwelt, wo dasselbe Phänomen sowohl ein Segen als auch ein potenzielles Risiko sein kann.

Auf der philosophischen Ebene bietet uns die Quantenmechanik eine Fülle von Fragen, die unsere Weltanschauung herausfordern. Ist das Universum deterministisch, entfaltet es sich gemäß einem großen kosmischen Plan, oder ist es verwurzelt in Wahrscheinlichkeiten und Unsicherheiten? Welche Rolle spielen wir als Beobachter bei der Gestaltung der Realität? Das sind Fragen, die nicht nur Physiker betreffen, sondern Philosophen, Ethiker und tatsächlich jeden, der jemals in den Nachthimmel geschaut und sich gewundert hat.

Das Mysterium des Bewusstseins, eine Debatte, die die Menschen seit Jahrhunderten beschäftigt, könnte im Quantenparadigma neue Diskussionsfelder finden. Wir haben darüber nachgedacht, ob die Quantenmechanik Einsichten in den freien Willen, die Spiritualität und sogar in das Wesen der Existenz selbst bieten könnte. Obwohl diese Ideen an den Rändern der wissenschaftlichen Spekulation balancieren, dienen sie dennoch als Zeugnis für die Fähigkeit der Quantenmechanik, die Grenzen unserer Gedanken herauszufordern.

Die transformative Wirkung der Quanteninformatik, der Quantenthermodynamik und sogar der potenziellen Quantenbiologie lädt uns in eine Welt unendlicher Möglichkeiten ein. Doch wie jeder Entdeckungspfad ist auch dieser mit Unbekanntem gespickt. Jede Antwort entwirrt weitere Fragen, jede Lösung wirft neue Herausforderungen auf. Das ist die Schönheit und das Dilemma des Eintauchens in den Quantenbereich.

Wir stehen am Rande eines Quantenzeitalters, einer Ära, die Sprünge in Technologie, Wissenschaft und menschlichem Verständnis verspricht. Doch zwingt sie uns auch, die Grundlagen dessen, was wir zu wissen glaubten, zu hinterfragen. Während wir in diese mutige neue Welt eilen, sollten wir uns daran erinnern, dass die Suche nach Verständnis so alt ist wie die Menschheit selbst. Die Suche endet nicht; sie entwickelt sich weiter.

Betrachten Sie dieses Kapitel nicht als ein Ende, sondern als eine Einladung – zum Fragen, Nachdenken und Staunen über die Wunder, die im Herzen eines Atoms, in der Weite des Kosmos und vielleicht sogar in den Verästelungen Ihrer eigenen Gedanken liegen. Die Geschichte der Quantenmechanik ist noch lange nicht abgeschlossen, und wer weiß – vielleicht sind Sie einer ihrer nächsten großen Entdecker.

Vielen Dank, dass Sie sich auf diese unglaubliche Reise begeben haben. Möge Ihre Neugier stets so grenzenlos sein wie die Quantenwelt selbst.

Vielen Dank fürs Lesen!

Ich hoffe, Sie fanden Ihre Reise durch die Quantenwelt ebenso faszinierend und erhellend wie ich beim Schreiben dieses Buches.

Ihr Engagement und Ihre Gedanken sind für mich von großem Wert.

Ich wäre Ihnen sehr dankbar, wenn Sie Ihre Gedanken und Erfahrungen mit mir teilen könnten, indem Sie eine Rezension hinterlassen, falls Sie einen Moment Zeit haben.

Ihr Feedback hilft mir nicht nur, mich als Autorin zu verbessern und weiterzuentwickeln, sondern ermöglicht es auch anderen Lesern, die Wunder der Quantenphysik zu entdecken.

Ihre Einsichten, Kritiken und Ihr Lob sind die Leitsterne, die mir helfen, den Kurs in meinem Schreiben zu steuern.

Jede Rezension, ob ausführlich oder kurz, ist ein wertvoller Beitrag zu den laufenden Gesprächen über die Geheimnisse unseres Universums.

Ich danke Ihnen für Ihre Zeit, Ihre Neugier und Ihre Bereitschaft, sich mit mir auf diese Quanten-Odyssee zu begeben.

Ich freue mich darauf, Ihre Gedanken zu lesen!

Mit freundlichen Grüßen

www.ingramcontent.com/pod-product-compliance
Lightning Source LLC
Chambersburg PA
CBHW052205220526
45471CB00004B/1828